供求协同幸福观

梁彩电◎著

人民东方出版传媒
東方出版社

图书在版编目（CIP）数据

供求协同幸福观 / 梁彩电著 . — 北京：东方出版社，2018.11
ISBN 978-7-5207-0612-4

Ⅰ . ①供…　Ⅱ . ①梁…　Ⅲ . ①幸福—通俗读物
Ⅳ . ① B82-49

中国版本图书馆 CIP 数据核字（2018）第 224581 号

供求协同幸福观
（GONGQIU XIETONG XINGFUGUAN）

作　　者：梁彩电
责任编辑：杨润杰　杭　超　辛岐波
出　　版：东方出版社
发　　行：人民东方出版传媒有限公司
地　　址：北京市东城区东四十条 113 号
邮　　编：100007
印　　刷：北京联兴盛业印刷股份有限公司
版　　次：2018 年 11 月第 1 版
印　　次：2018 年 11 月北京第 1 次印刷
开　　本：640 毫米 ×950 毫米　1/16
印　　张：18.5
字　　数：230 千字
书　　号：ISBN 978-7-5207-0612-4
定　　价：68.00 元
发行电话：（010）85924663　85924644　85924641

序　言

幸福是人类永恒的话题。它是一种哲学的思辨和道德的宣传，是我们个人的感受，同时也是心理学的研究课题。

通读本书，我发现它有以下五个特点：

一、福流

任何事情，一旦让你产生浓厚的兴趣，使你专注沉浸其中，物我两忘，知行合一，始终被一种愉悦的力量所推动，去不断地为之奋斗、创造和探索；完成以后，你感受到一种发自内心的兴奋、喜悦、感动、激励、敬畏和升华，好像找到了生命的价值和意义，这种体验其实就是一种幸福的极致状态——澎湃的福流。透过《供求协同幸福观》的字里行间，可以看出作者就是沉浸在福流的体验中从事幸福研究和幸福践行的。

二、跨界

学术研究其实是没有固定不变的研究方向和课题的。积极心理学作为一门新兴学科，更不应该自己限制自己的研究深度和广度。幸福是积极心理学的一个重要范畴，幸福科学本身就是一个跨学科的综合性研究方向，不是心理学一个学科所能解决的问题。本书从传统文化、哲学、政治学、经济学、社会学、管理学、心理学、物理学等学科出发，多维度研究幸福课题，是一本跨界的书。

三、开拓

本书以传统文化思想为指导，以科学原理作基础，以现实生活为依据，参考中外，借鉴古今，不囿于学科学派，打破了思维局限，提出了“三感统一”的幸福观念，并发现了幸福三境界、幸福方程式、幸福反应区、幸福驱动力、幸福升降梯、幸福效应群等幸福规律，是一本开拓的书。

四、创新

本书不仅广泛吸收各幸福学派的优点，还借鉴供求理论、协同理论和中外历史幸福观，创造性地提出“供求协同理论”和“供求协同幸福观”，是一本创新的书。

五、系统

本书运用管理学知识，从理论基础、战略定位、方法策略、执行步骤、检验标准等维度，建立了一套幸福管理理论体系，使感性的幸福变得理性可操作。

对一个真正的研究者来说，身份不重要，成果和贡献才是最重要的。期盼梁彩电院长带领深圳市聚智幸福研究院的全体同仁，在今后的日子里，能够不断地在实践中，朝着科学、严谨、务实的方向，研究出更丰硕的成果。

清华大学社会科学学院院长
心理学系主任和教授　彭凯平

二〇一八年十月二十三日

自 序

很多人问我："梁院长，你这么理性的人，怎么会研究幸福这么感性的课题呢？"是啊，我是如何走上"幸福研究之路"的呢？这还得从八年前说起。

一、幸福研究的缘起

2011 年清明节，我回老家祭祖，因没有赶上高铁被滞留在广州高铁站，平时忙碌的脚步终于被迫停了下来。我随意走进附近一家书店，一本名为《男人四十》的书映入眼帘，这个醒目的标题一下触动了我的心。"三十而立，四十而不惑"，马上就到不惑之年的我，为什么有那么多困惑呢？是我不爱学习吗？不是，我非常爱学习。是我不努力吗？不是，我也非常努力。是我不聪明吗？其实我自认为还有那么点小小的聪明。那到底是为什么呢？我静下心来，闭上眼睛开始向内看、向过去看，发现自己一直在匆忙劳累、无休无止地做"加法"，虽然财富在增加，但心理压力也在增加，血压血脂也在升高，丝毫没有感受到人生的快乐和幸福。环顾身边，很多人都与我有相同的经历与感受，如果是这样，人生的意义何在？

我开始对自己的人生模式进行思考和探寻，当每次有所发现时，就如获珍宝、心情愉悦，我想这也许就是幸福体验吧。是这种体验推动着我继续前行，开始研究幸福是什么、幸福的形成规律等内容。我要揭开这个看似熟悉但又陌生的课题的神秘面纱，成为人类幸福事业的引领者，将我的研究成果传播给身边的人，让大家与我一道从中受益，共同认识幸福，体验幸福，享受幸福，传播幸福。因此，我辞去公职，关闭公司，停止投资，全身心投入到幸福研究的伟大事业中来。

二、关于学习的思考

为了自我成长，早在2002年，我就开启了疯狂的学习模式，去北大学经济、清华学管理、机构学心理、投行学金融……很快成为一个在培训界有名的学习专业户。那几年，基本上是“5+2”和“白加黑”的工作学习模式，我对这种模式做了一个总结，得出三个结论：第一，学习消耗大量休息时间，造成了身体长期的慢性疲劳，让我处于亚健康状态；第二，学习费用奇高，有时一天学费过万，比我从小学到大学毕业所有费用之和还多；第三，学习课程没完没了，培训机构的课程设置通常分几个阶段，学完这个课题接着学下一个课题。在昏天黑地的学习中，我突然发现自己成了学习机器，永远学不够，永远学不完。纵观周边，这样的学习“专业户”不乏其人。

学习的目的是付诸实践，当时的同学大多为企业家，他们也是为了解决工作、生活中的问题而来的。学习前，本来很多企业还算是成长型的企业，可每次培训班结业后，总有一批企业“倒下”。当然，“倒下”的原因很多，但仔细分析其原因，少不了对刚学到的知识胡用滥用的缘故。比如，有一年我刚学了人力资源管理，其中讲到可以运用物质奖赏和精神抚慰来提高团队士气。

当年年底公司业绩不错，我便采用了高奖金、高激励的策略，记得那年是我经商以来给团队发奖金最高的一次，可是过年后开工，几个获高额奖金的经理均提出了辞职。这到底是为什么？是因为对知识消化不良，还是课程内容有失偏颇？由此，我对学习话题进行了深入的研究。

（一）要不要学习

当前是社会转型期，知识更新快，信息传递快，新情况、新问题层出不穷，如果我们不去学习，不能及时掌握最新资讯、最新策略方法，根本就无法应对日新月异的复杂局面。我们只有不断加强学习、更新知识、更新观念，不断丰富自己、完善自己、提高自己，并把学到的知识转化为指导实践的新思路和新办法，才能从容地适应工作和事业的发展。

学习可以提升人的素质，也可以提高人的修养。凡有作为的人，都把学习当作提升自己的第一要务。只有通过大量的学习，才能品味人生真谛，淡化身外之物，做到重品行、重节操、重诚信、重人格，对于名利淡然视之，面对困难泰然处之。学习可以不断缩小我们的盲区，让我们认识事物变化发展的规律，掌握解决问题的方法和技巧，让我们受益无穷。学习是成长的必经之路，我们不仅要学习，而且要全面学习、系统学习和终身学习。

（二）向谁学习

以前通常是听朋友推荐，哪个老师讲得好，就去听哪个老师的课。听完之后，发现不过如此，这样的经历多了，便产生了一连串的疑问。这个老师是从哪里学的？也许老师会说，他是向专家学的。那专家又是向谁学的？也许专家会说是向圣人学的。那圣人又是向谁学的？也许圣人会说向《易经》《道德经》《论语》

《圣经》等经典学的。那经典的智慧来自哪里？有人说是先知先贤的杰作，而我更偏向于认为那是几千年来群众的集体智慧。那群众的智慧来自哪里？经过层层追问，最后发现，群众的智慧来自于生活、来自于社会、来自于自然、来自于实践！

在探明智慧来源的同时，我又对中国传统教育方式进行了思考，发现传统教育通常采用师傅带徒弟、老师带学生的传授方式，知识在传递过程中会产生损耗，徒弟一般很难超过师傅，这样一代一代地传递下去，可能会导致徒弟一代不如一代。经过这样的追问与思考，我豁然开朗：为什么不直接向生活学、向圣人学、向社会学、向自然学、向实践学呢？

（三）学习什么

“吾生也有涯，而知也无涯。”太多东西要学，我们就是用上毕生精力也学不完，那到底该学习什么呢？先让我们看看时下流行的几种学习。

一是喜欢学立竿见影的“术”。现在的生活节奏越来越快，人们变得越来越浮躁。2015 年，我给朋友们分享《幸福管理》时，大家可以坚持听 3 小时；2016 年，我在喜马拉雅上录音频时，只能录 15 分钟；到了 2017 年，只能录 2 分钟的小视频；到了 2018 年，只能发 15 秒的抖音了。快餐文化、速成培训班比比皆是，大家都希望学完立即能用，并且马上可以产生效果，至于长远规划、系统学习，那就算了吧。所以，×× 术、×× 法、×× 技巧等课程层出不穷，广受欢迎。然而学员只学到了“术”却并没有完全搞懂事物的原理，拿着“术”到处胡乱使用，这种“只见树木，不见森林”的学法，往往治标不治本。比如，某一个人学护理，掌握了热敷的方法技巧，有一次在跑步过程中有人脚踝受伤，肿胀得很大，学护理的人为了帮他消肿，采取了热敷措施，结果不但没消肿，反而加重了病情。这样的例子不胜枚举。经过多年观察发现，这种只学“术”而不学“道”的学员，是由“富翁”变“负翁”最多的人群。

二是喜欢学“名家”理论。有不少“名家”虽然学了很多理论，可是他从来不参与实践，我不知道这样的理论到底有多强的生命力。比如，我学经济学时，有一次冒昧地问了教我证券投资的教授：“请问您在证券操作方面成果如何？”教授回答：“我没有参与就是最大的赢家。”她的回答让我大吃一惊。我们都是“战斗在一线”的，却找了一群从来没有参加过“战斗”的老师来教我们，我的内心顿时变得五味杂陈。

三是喜欢学理论“本体”。人们在学理论的时候，往往注重理论的本体，而忽略了理论的前提假设和适用范围。比如，我们学西方经济学，它是建立在“完全理性、完全竞争、完全信息”三个基本假设条件之上的，而这三大假设都与当下中国现实难以相符，因此这些理论在中国现实条件下很难适用。而我有几个要好的朋友是经济学博士，他们在 2004 年的时候，按照西方经济学的理论预测了中国经济的发展趋势，一致认为中国房价不会大幅上涨，买房还不如租房。可现实是房价一直在往上涨，他们的工资成倍增长，也追不上房价的上涨。

那我们到底该学习什么呢？“道”“法”“术”“器”“势”是一个事物运动的整体，都有其存在的价值，但“物有本末，事有始终”，“道”是事物运动的本质规律，是稳定不变的，它才是“本”；“法”“术”“器”“势”受“道”的统领，受“道”的驾驭，它们是“末”。因此，我个人认为先要学习普适性的“道”，它主要表现为哲学思想、传统文化、宇宙规律、科学原理等。在掌握“道”之后，还要学习“法”“术”“器”“势”等内容，这样才可以完整、系统地掌握一个事物的各个方面。

（四）怎样学习

谈了这么多关于学习的话题，那么，到底怎样学习才是最科学的呢？佛学经典告诉我们，智慧的来源主要有闻、思、修三种方法。闻，主要是指读书听讲，学习别人所学所感，这是人们常用的方法；思，是指对所学的知识进行综合思考的过程，可以从众多知识中提炼、归纳总结，得出一套属于自己的心得体会等；修，是指通过亲身体验，不仅可以获得对知识更深的理解，还可以获得切身的体验，是把理性认知和感性认知相结合的途径。对于王阳明提出的“知行合一”，我曾心存疑惑，知就是知，行就是行，这是两个不同的心理过程，怎么才能做到知行合一呢？学习心理学后才明白，人有意识和潜意识，意识的认知是通过观察和思维获得的，而潜意识的认知不能通过观察和思维获得，只能靠体验获得。比如说游泳，如果只学习一堆相关理论，不下水尝试体验，无论意识层面的知识多丰富，潜意识并没有获得信息，也就是说心理上已经知道，而身体并不知道，就依然不会游泳。因此，一个人要获得真知，不仅要有意识层面的知识（知），更要有潜意识层面的体验（行），只有二者有机结合，才能称为完整的认知。“修”就是知行合一的最好方法。可见，“闻、思、修”才是最科学的学习方式。

纵观学习的探寻之旅，我主张以下几点：要努力学习、全面学习、系统学习、终身学习；要向圣人学习、向社会学习、向生活学习、向实践学习；既要学习“道”和“道”的应用条件和范围，还要学习“法”“术”“器”等；既要多读书、多听讲，又要多思考、多行动、多体验；只有经过系统的学习，才可以成为一个真正的智者，开启智慧大门。循着这条学习之路，我越学越明白，越学越通达，越学越幸福。

三、关于本书定位

大学毕业后，我经历了十五年的基层刑警工作、十余年的商业经营管理工作和八年多的幸福课题研究，经过归纳提炼，最终形成了关于幸福的“道、法、术、器”知识体系，囿于篇幅，本书仅从“道”“法”两个层面对幸福进行论述，即从“道”的层面阐述幸福的本质规律和供求协同幸福观；从“法”的层面，阐述幸福管理理论体系和方法步骤等。至于“术”和“器”两个层面，现在均已形成课件，将来会逐步撰写和发表出来，形成《幸福管理》系列丛书。

四、感恩贵人

八年前我辞去公职，全力以赴研究幸福课题，给自己、给家人带来了巨大的压力。最初的两三年倒还没什么感觉，但持续多年不上班，也不经商，在深圳这座经济型城市里，专搞看不见摸不着的理论研究，在别人眼里我是个“神经病”，家人看着也着急。虽然通过创业积累了一定的财富，可是，停掉所有公司来研究幸福，坐吃山空，肯定不是正常人所为！

我看懂了家人的担忧，耐心地与他们沟通，并把研究成果展示给他们看，告知其意义和价值，最后得到了全家人的支持。他们表示，只要我喜欢，只要我开心，全家人都支持，只是提醒我要注意身体。借此机会我要向亲爱的家人们表示衷心的感谢。当然，首先要感谢的是我的太太叶春丽，她擅于家庭理财，为我提供了家庭经济上的安全和保障；她善于人际沟通，经常帮我协调好人际关系。在她嫁给我的二十多年时间里，为了支持、配合我的工作，她 99% 的时间都陪在我身边，是她给了我无微不至的关心，让我一直体验着夫妻恩爱的幸福，她是我人生幸福体验的源泉，请允许我在此对她说一句："春丽，衷心地感谢你！我永远爱你！"当然，还有我们双方父母以及我最可爱的一对儿女，在此一并表示感谢。

同时，感谢上天先后给我送来了两位好朋友——程平安博士和温金平博士。程平安是在富士康高管岗位工作十五年的心理学博士，温金平是在一家上市公司高管岗位工作十多年的中文博士。他们两位学识渊博，才华横溢，为人谦虚低调，他们不仅从思想上高度认同我，更是全力以赴地协助我。温金平在本书思路梳理和文字美化工作中作出了重大贡献，程平安在素材搜集和心理知识探讨中作出了重大贡献，他们还在成书过程中提出了诸多建设性的建议和意见。在三个月写书的时间里，我们三个人经常相聚，从朝至夕大量"头脑风暴"、辩论思考，一旦灵感迸发，三人便鼓掌欢呼。在写书过程中，我们"三个臭皮匠"都得到了快速成长，都分泌了大量的"多巴胺"，真诚地感谢两位博士！

还要特别感谢清华大学社会科学学院院长、中国积极心理学第一人彭凯平教授在百忙之中为本书写序，感谢彭明哲先生为本书在东方出版社顺利出版所做的工作，感谢东方出版社的工作人员，衷心地感谢各位贵人。

本书记录了我大量的人生体悟，必然带有个人主观性；同时将很多狭窄领域的理论拓展至更大适用范围，虽然按照宇宙规律来推演，有其正确性，在实践中也有适用性，但按照严谨的科学精神，还有待更多的数据进一步验证。因此，本书的内容和观点可能存在纰漏，如有上述情况，请多多包涵。如有更好的建议，可以扫描封面二维码与我联系，在此向大家深表感谢！

幸福是一座神秘的殿堂，为了叩开它的大门，我花费近八年时间不断“闻、思、修”，最后才悟到“学习的真谛”。在幸福研究的旅程里，我发现每一处都是风景，每一处都风光迤逦，也常常为此兴奋得“手舞足蹈”。这本书，便是“风景的再现”，愿它带给大家幸福的启示，并祝大家旅途愉快！

CONTENTS 目录

第一章　幸福研究的哲学思考

幸福是人类的终极梦想。

人人谈论幸福，人人渴望幸福，人人为幸福奋斗，然而现实中却很少有人会思考关于幸福的一些基本问题，如“幸福是什么”“幸福有什么规律”“实现幸福的途径有哪些”等。幸福是一个抽象的概念，不是一个具象化的存在，如果不搞清楚，就可能引发以下问题：如果我们去追求一个连自己都没有搞清楚的东西，怎么知道什么方式才是最有效的呢？而且，即便我们活在自己想要的幸福里，怎么知道自己已经梦想成真了呢？再进一步，即便知道自己得到了想要的幸福，怎么确保我们可以持续地拥有这种幸福呢？……所以，要想真正拥有幸福，必须理解幸福，探究幸福。

如何理解幸福？幸福是个主观的话题，每个人的经验、感觉和视角不一样，对幸福的理解也千差万别，如有的人说是吃喝玩乐，有的人说是物质丰足，有的人说是事业成功，有的人说是名利双收，有的人说是爱情圆满，有的人说是助人为乐。这很正常，现象界的事物都是千差万别的，是“多”，但它们的背后本质应该是一样的，是“一”。那么，幸福背后的“一”是什么？如何把握这个“一”呢？最好的方式莫过于进行哲学性的探讨。因为哲学就是研究宇宙的本质、宇宙万事万物演化的总规律，是研究“一”的学问，是对“多”的总结和概括。与一般研究者不同，我们不仅研究幸福本身，而且研究哲学规律，从哲学的高度来研究幸福。

站在云端之上，必可俯瞰大地。幸福研究站在哲学的云端之上，才能看清幸福的真谛。因此，我们用大量的篇幅去梳理哲学的原理、方法论、宇宙规律、宇宙本质等元认知，与此同时，我们提出了很多独到的见解和看法，希望能带给大家特别的启发。

不管大家是否接触过哲学、是否深入研究过哲学，请大家先认真看完本章内容，相信它一定会带给你特别的冲击，因为这里有很多“新发现”，它让我们更加简单、清晰、透彻地理解哲学上的很多问题。有了本章的基础性认知，后续关于“幸福”的研究就变得简单、轻松，这便是“解一即千从”的道理。

第一节 哲学原理回顾

哲学是有着严密逻辑系统的宇宙观，它研究宇宙的本质、宇宙中万事万物演化的总规律以及人在宇宙中的位置等一些基本的问题。幸福研究的所有相关内容，都离不开哲学的这些根本规律、方法的指导。所以，有必要在这里对哲学的主要内容进行一个简略的回顾。

一、物质和意识的关系

在漫长的哲学发展过程中，各种哲学观点层出不穷，哲学流派千差万别，但所有这些理论，无非是在物质和意识的关系问题上存在不同观点。认为宇宙的本源属于物质，物质决定意识，属于唯物主义；认为宇宙的本源属于意识，意识决定物质，属于唯心主义；认为宇宙的本源属于物质和意识，物质影响意识，意识影响物质，属于二元论。

确定了物质和意识到底谁是第一性的，人们自然会确定谁为生活中的重点，从而影响人们的人生观、价值观和幸福观。比如，唯物主义者容易向物质方向偏离，唯心主义者容易向精神方向偏离。

二、哲学三观

哲学三观主要指世界观、人生观和价值观，世界观决定人生观，人生观决定价值观，它们之间相互联系、相互作用，是人的深层信念系统。

（一）世界观

世界观是指人们对整个世界的总的看法和根本观点，也叫宇宙观，哲学是其理论表现形式。人们的社会地位不同，观察问题的角度不同，就会形成不同的世界观。世界观的基本问题是精神和物质、思维和存在的关系问题，根据对这两者关系的不同回答，世界观可划分为两种不同的类型，即唯心主义世界观和唯物主义世界观。世界观决定着人生观，人生观决定着幸福观。

（二）人生观

人生观是指对人生的看法，也就是对于人类生存的目的、价值和意义的看法。人生观是由世界观决定的，是一定社会或阶级的意识形态，是一定社会历史条件和社会关系的产物。人生观是在人们实际生活过程中逐步产生和发展起来的，不同社会、不同阶层的人们有着不同的人生观。幸福观是人生观的核心内容，是对人生目的和意义的诠释。

（三）价值观

价值观是指人们在认识各种具体事物价值的基础上，形成的对事物价值总的看法和根本观点。一方面表现为价值取向、价值追求，凝结为一定的价值目标；另一方面表现为价值尺度和准则，成为人们判断事物有无价值及价值大小的评价标准。一个人的价值观一旦确立，便具有相对稳定性。幸福观决定价值观，价值观影响幸福观。

三、哲学三大规律

（一）对立统一规律

世界上任何事物的内部和事物之间都包含矛盾的两个方面，矛盾的双方既对立又统一。事物的运动发展在于自身的矛盾运动，矛盾的斗争性和同一性、普遍性和特殊性统一于客观事实。对立统一规律揭示了事物发展变化的源泉和动力，它贯穿于唯物辩证法的其他规律和范畴之中，是唯物辩证法科学体系的实质和核心。比如，幸福和痛苦就是一对对立统一的事物，统一于生活当中，痛苦的存在衬托出幸福的可贵。

（二）质量互变规律

任何事物的变化都是由量变到质变的过程，量变到一定程度会引起质变，产生新质，然后在新质的基础上又开始新的量变。

量变是质变的基础和必要的准备，质变是量变的必然结果。质量互变规律揭示事物发展的形式和形态。幸福同样遵循质量互变规律，它是由幸福因子产生的量变积累而引发质变的。

（三）否定之否定规律

任何事物的发展变化都是新事物对旧事物的否定，是事物内部的肯定和否定两方面矛盾斗争的结果，是事物自我发展的过程，但是否定并不是全盘抛弃，而是“扬弃”，是克服和保留的统一。新事物否定旧事物然后被更新的事物否定，一切事物都是“螺旋式”向前发展的。否定之否定规律揭示了事物发展的趋势和道路，即事物的发展表现为前进性和曲折性的统一，新事物的产生是不可避免的。幸福也按照该规律运行，人类首先是求生存，后经否定——人不能只求生存，还要安全；后来又否定——不能只求安全，还要舒适等。

四、哲学五大范畴

哲学五大范畴是对事物最普遍的辩证关系的概括和反映，是辩证思维的逻辑形式，它们从不同侧面揭示了物质世界的普遍联系和发展。

（一）内容和形式

内容决定形式，形式为内容服务，内容必须通过形式表现出来，形式对内容具有反作用，内容和形式存在于统一体中，不可分割。比如，幸福感这个内容要通过语言、表情、动作或行为等形式来表达，同时它们又对幸福感产生反作用。

（二）现象和本质

本质和现象是揭示客观事物内部联系和外在表现之间相互关系的范畴，二者既对立又统一。现象是外在的、个别的、具体的、片面的、丰富的、生动的，而本质则是内在的、一般的、深沉的、单纯的。但二者又是统一的，没有脱离本质的现象，也没有脱离现象的本质，现象是本质的外露和表现，现象背后隐藏着事物的本质，二者不可分割。比如，有的人认为平安是幸福，有的人认为富贵是幸福，有的人认为奉献是幸福，虽然每个人认同的幸福现象各有不同，但其本质都是一样的，即追求内心的愉悦感受。

（三）原因和结果

在特定的界限和范围内，原因和结果具有确定的界限和先后次序，一定是先有原因，后有结果，而且原因就是原因，结果就是结果，既不能混淆也不能颠倒。它们二者相互依存、相互联系、相互作用，并在一定条件下相互转化。幸福产生的过程是理性的，同样遵循因果规律，只要具备幸福之因，必得幸福之果；相反，幸福因缘不具足，想要得到幸福也是不可能的。

（四）可能性和现实

可能性是潜在的、尚未成为现实的东西，存在于未来；现实则是已经存在的东西，存在于当下。二者相互依存、相互关联、相互渗透，并在一定条件下相互转化。要珍惜和享受幸福的现实，要努力去奋斗和创造幸福的可能性，把可能性的幸福转化成现实的幸福，这是我们奋斗的目标。

（五）偶然性和必然性

偶然性和必然性是揭示事物的发生、发展和灭亡不同趋势的一对哲学范畴，二者产生的根据不同，在事物发展过程中所处的地位和作用不同。二者互相依存、互相渗透，在一定的条件下可以互相转化、互相过渡。生活中人们偶尔也会获得幸福感，但这种幸福感无法持久，我们研究幸福这个课题的目的就是将偶然获得的幸福转化成必然获得的幸福。

五、哲学三个基本观点

唯物辩证法是关于普遍联系和运动发展的科学，联系的观点和发展的观点是它的总特征，辩证法的三大规律都是讲发展的，五大范畴都是讲联系的。

（一）联系的观点

物质世界是一个普遍联系的统一整体。联系是指事物内部要素之间和事物之间的相互影响、相互依赖、相互作用。联系是客观的、普遍的，联系的形式多种多样。幸福同样与宇宙中的事物存在着联系，没有孤立的个人幸福，人类全体甚至全宇宙是一个命运共同体。

（二）发展的观点

物质世界是不断发展的世界，运动是宇宙间一切事物的存在方式。发展是指事物由简单到复杂、由低级到高级的运动过程，它的实质是新事物的产生和旧事物的灭亡，发展是客观的、有规律的。幸福同样遵循发展规律，不同阶段的幸福层次和境界是不一样的，我们研究幸福的目的是获得高效的、可持续性的发展。

（三）一分为二的观点

唯物辩证法主张全面地看待事物，既要看到事物之间的普遍联系，又要承认它们之间的区别；既要看到事物运动的绝对性，又要承认事物静止的相对性；既要看到事物的正面，又要看到事物的反面；既要看到个别，又要看到一般。在追求幸福的过程中，得到的不可能全部是幸福，必然会遇到痛苦，关键是如何看待痛苦，减少痛苦，使我们尽可能多地处在幸福的状态。

上述哲学的主要内容，虽然都是“形而上”的东西，但落实到幸福研究的实践中，就非常具有“形而下”的现实指导意义。我们在哲学思想的基础上创造出“幸福方程式”“幸福反应区”“供求协同幸福观”等全新理论，从而让人更简单透彻地理解幸福，把握幸福，创造幸福。可见，哲学是幸福研究的资源库和聚宝盆。

第二节 《易经》原理与方法论系统

世间事物千变万化，有的甚至转瞬即逝，难以捉摸，有没有哪本书专门以研究“变化”为主题的？当然有，《易经》就是一本研究宇宙变化规律的奇书，它博大精深，被誉为“群经之首”。经过八年深入研究，我们从《易经》中发现并总结出一个方法论系统——宇宙发展变化法和思维分析法。

一、宇宙发展变化法

“易有太极，是生两仪。”所谓太极就是阐明宇宙从无极到太极，以至万物生化的过程。《道德经》承袭了《易经》的核心思想，并指出了“道生一,一生二,二生三,三生万物”的宇宙变化过程。结合这两部经典，我们创造性地提出了宇宙发展变化的四种方法，所有事物的发展变化都离不开这四种方法。更奇妙的是，经比对发现，这四种方法正好吻合了“道生一,一生二,二生三,三生万物”的逻辑顺序。

（一）创造法

创造法是指一个事物从无到有的生成方法，相当于“道生一”。

“道生一”以极简的语言概括了宇宙从天地未开、阴阳未分的混沌状态跃迁为天地分隔、阴阳分明的有序过程。虽然混沌时期宇宙无序，但生成宇宙的道和原材料早就有了，因为宇宙是不生不灭、不增不减、能量守恒的，如果没有原材料，就无法生成宇宙；如果没有道，宇宙依然是混沌状态。比如，要在空地上建一幢房子，建房子的规则、方案和原材料都要有，否则建不出房子来。这个“道”包含了“规律、规则”等部分，也就是说我们创造某种新生事物，必须符合规则规律，同时还要有原材料，我们把这种从无到有的方法命名为“创造法”。

（二）拆分法

拆分法是指一个事物裂变为两个事物的方法，相当于“一生二”。

一个太极图里含阴阳两部分，阴阳对立统一，且一直处于运动变化状态中，当阴阳对立达到极限状态时，原本是一个整体的事物被分裂成两个，如细胞由一个分裂成两个，两个再分裂成四个，我们将这种一生二的裂变方式命名为“拆分法”。

（三）合并法

合并法是指两个事物调和出第三个事物的方法，相当于“二生三”。

当阴阳处于调和状态时，阴阳的一部分或全部中和，中和部分不再与阴或阳发生对立，而成为一个独立体，属于阴阳之外的第三部分，它与阴和阳统一于太极中，我们将这种二生三的方法命名为“合并法”。

（四）综合法

综合法是指综合运用创造法、拆分法和合并法三种基本方法而创造出万事万物的方法，相当于“三生万物”。

此处“三”不是“二生三”中的“三”，而是创造法、拆分法和合并法三种方法的“三”。世界万物不管如何变化，最后总结变化过程，要么是单独使用以上某种方法，要么是综合使用以上两种或三种方法，我们把综合运用创造法、拆分法、合并法而衍生出万事万物的方法，命名为“综合法”。比如，有两人合伙创业，开了一家公司（创造法），后两股东闹矛盾，导致这家公司被分拆成两家公司（拆分法），这两家分公司分别收购了两家同行公司（合并法），同时这两家母公司还在全国各地分别开办多家连锁店，这样的发展变化就是运用了“综合法”。

很多人以为“三生万物”就是从“三”中生出“万物”，这是误解。“三生万物”是指将创造法、拆分法和合并法这三种基

表 1-1　宇宙发展变化法比对表

类别＼方法	从无到有	从一变二	从二变三	从基础变无数
道德经	道生一	一生二	二生三	三生万物
发展变化法	创造法	拆分法	合并法	综合法

本的方法综合运用，由此衍生出“万事万物”，这种情况才符合宇宙发展的真实情景。

宇宙发展变化法告诉我们，不管宇宙间的万物如何复杂变化，归根结底，不外乎这四种发展变化法。掌握了这四种方法，在遵循事物规律的基础上，我们便可以主动创造我们想要的美好事物。

二、思维分析法

根据太极原理，我们也发现了四种基本思维分析法。为了简单易记，将四种方法用数字组合命名，并形成一套系统的思维分析法，具体内容如下：

（一）○一分析法

“创造法”是指一个事物从无到有的生成方法，依据该原理，我们可以创造出一个从无到有的分析方法，称为“○一分析法”。它是分析事物各种因素及其前因后果之间关系的方法。采用这种分析方法，可以发现成功的必要条件。如看到一幢房子，就可以推知建房前必有原材料和建设方案；研究未来时，可以发现事物成功的可能性，如有原材料和建设方案，我们就可以推知房子的规模、形状和建成的可能性。

（二）一一分析法

太极大到无限大，小到无限小，图内任何一点，都遵守整个太极原理，我们把这种一个局部必然遵守一个整体规律的分析方法，称为“一一分析法”。这其实就是全息理论，也就是局部与整体的规律一致，如“天人合一律”等。这个方法告诉我们，面对陌生的整体领域时，可以通过研究熟悉的局部规律来推知整体规律；面对陌生的局部领域时，可以通过研究整体规律推知局部规律，还可以通过研究整体中熟悉的不同局部规律来推知该领域局部规律。比如，我以前是刑警，后来炒股票，这看似是毫不相干的两件事，但是如果把它们都上升到“道”的层面，就会发现它们的原理是相同的，因此我就把刑警经验运用到炒股上，一下子变成了“老手”。这就是东方人所讲的“悟性”，一通百通。

（三）二一分析法

“易有太极，是生两仪”，表明任何一个事物中都包含着阴阳两部分，阴阳之间相互作用、相互依存、相互转化，形成对立统一关系，我们将其称为“二一分析法”，其实就是“辩证法”。它是分析事物运动规律的一种基本方法，通过这种方法，我们可以分析出事物的运动原因、运动过程和运动结果。

（四）三一分析法

我经常给《易经》大师们提同样一个问题，一个太极图里包含几部分？他们通常说只有阴阳两部分。我接着问，那中间那根太极线属于哪部分？这时他们通常无言应答。数学知识告诉我们：点没有大小，线没有粗细。假设这根线粗细不等于 0，那么这个区域属于哪部分？“合并法”已阐明，当阴阳处于调和状态时，阴阳的一部分或全部中和，中和部分不再与阴或阳发生对立，而成为一个独立体，属于阴阳之外的第三部分，但它与阴和阳统一于太极中。比如，化学反应中，把过量的碳酸钙与硫酸放置在一个容器中，碳酸钙会与硫酸发生化学反应，形成硫酸钙，硫酸钙与碳酸钙及硫酸不再发生反应，属于中和物质，硫酸钙就属于第三部分。可见，一个事物中除了对立统一的阴阳两部分外，还有可能存在中和的第三部分，它与阴阳不对立但统一。依据此原理，我们创造出一个全新的思维分析法——三一分析法。

用三一分析法看待时间，我们很容易明白时间的三分法——过去、现在、未来，虽然现在短得几乎无法描述，但是它存在，跟中间的太极线一样不可忽略。看待空间也一样，左中右、上中下等，正是三一分析法的体现。三一分析法规避了二一分析法带来的“非黑即白”这一极端思维，让我们学会看到有时看似不可调和的两个事物其实是有可调和的“中间部分”，从而学会求同存异，减少分歧。它是分析方法系统中的重要补充。

表 1-2　思维分析法综合比对表

方法 类别	原因与结果	局部与整体	层次与衍生	位置与关系
发展变化法	○一分析法	一一分析法	二一分析法	三一分析法

综上所述，我们发现了四大宇宙发展变化法和四大思维分析法，它们既可以独立运用又可以综合使用，从而构成了一个完整的方法论系统。

三、方法论系统对幸福管理的意义

方法论系统克服了传统单一方法论或片面方法论的局限性，

为我们系统地解决幸福问题提供了整套的科学思维方法和分析工具。它贯穿幸福研究和践行的始终，是一套丰富完整的思维方法系统。我们的很多理论就是运用上述方法创建的，它们对幸福管理活动有着重大的现实指导意义。

第三节　宇宙规律的联系

关于宇宙的运行，目前学术界总结出八大规律，它们各自独立运行。这些规律之间是否存在某种联系，没有人研究过。我们在梳理八大规律过程中发现，它们之间存在着内在的联系。

一、宇宙八大规律

（一）宇宙因果律

宇宙因果律是指万事万物都不会孤立地产生，在其产生后也不会成为孤立的事件而无影响。所有的事物，有因必有果，有果必有因。

（二）阴阳互根律

阴阳互根律是指宇宙由阴阳两部分构成，阴阳之间相互依存、相互作用、相互转化，是对立统一的关系。

（三）五行生克制化规律

五行生克制化规律认为五行——金、木、水、火、土——有相生的关系：金生水，水生木，木生火，火生土，土生金；有相克的关系：金克木，木克土，土克水，水克火，火克金。它们的关系是逐一相生，隔一相克，相互依存，同时又相互制约。

（四）中成极反律

阴阳处在两个极限状态内运行即“中成”，阴阳运行达到两个极限状态导致转换即“极反”，这种阴阳转化的规律叫中成极反律。

（五）蛹动螺旋律

蛹动螺旋律包含了蛹动和螺旋两方面的规律。所谓蛹动，是指事物运行时的轨迹是蛹动式。事物在阳极时必然要生阴，而至阴极时要再生阳，如此循环往复，这一事物运行的轨迹就是蛹动曲线。所谓螺旋，是指任何事物的发展都不是简单的离心运动，而是呈螺旋式曲线的，螺旋曲线未必都是上升的，也有螺旋式下降的。

（六）质量互变律

质量互变律是指所有事物都有一个由量变到质变的积累，只有量的积累到达一定限度的时候，质变才会发生。量变是质变的前提，质变是量变的结果。

（七）宇宙自控调谐律

宇宙自控调谐律是指万事万物间均有内在联系，均在自动地进行调整，以达到平衡状态。

（八）天人合一律

天人合一律认为，人类诞生之始，就与自然界的运行、变化、发展协调一致，并与宇宙进行着能量与信息的变换，尽管人与天有个体差异，但是它们的本质运行规律是一致的。

二、宇宙八大规律运行关系

对宇宙八大规律进行比对分析后，我们发现它们都是阐述宇宙运动规律的。沿着“运动”这个共同点，我们又发现这八大规律存在内在的联系，并有机地组合在一起，构成了一个完整的运动规律系统。它们之间的关系如图 1-1 所示。

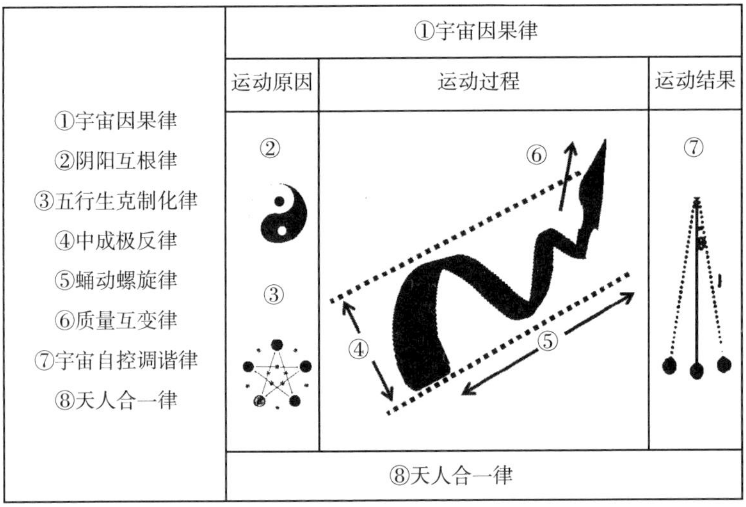

图 1-1　宇宙八大运动规律关系图

运动是宇宙的存在形式，无论运动前后还是运动中，运动均遵循因果律和天人合一律，它们是宇宙运动的两大基本规律，贯穿于宇宙间的万事万物中。

阴阳互根律中的阴阳对立，产生了宇宙运动的原动力；五行生克制化律是宇宙运行过程中的直接作用力，它们一起构成了宇宙的“运动原因”。

中成极反律是事物性质不发生改变前提下的运动规律，质量互变律是事物性质发生改变条件下的运动规律，蛹动螺旋律是事物发展变化趋势的运动规律，它们一起构成了宇宙“运动过程”。

宇宙自控调谐律是宇宙运动过程中不断由失衡—平衡—失衡的自动调谐过程规律，是宇宙的“运动结果”。

三、宇宙八大规律运行关系图对幸福管理的意义

根据宇宙八大规律运行关系图，我们可以清晰地认识到每个规律的适用范围和相互之间的关系，从而可以科学地应用各个规律。宇宙八大规律涵盖万事万物，幸福管理也不例外，它也是一种运动形式，必然遵循宇宙八大运动规律及其内在关系。因此，我们可以根据幸福管理的实际需要，在遵循“因果律”和“天人合一律”的前提下，分别应用“运动原因”“运动过程”“运动结果”中对应的宇宙规律，去研究、解决幸福管理实践中的问题，从而提高幸福管理能力。

第四节　宇宙本质的推测

宇宙中的时间无穷无尽，空间无边无际，宏大的时空里囊括了万事万物，在这纷繁复杂的现象背后，有没有共同的本质呢？

这是数千年来古圣先贤一直在努力探寻的真相。随着科学的发展，大家对宇宙的本质认识大大加深。宇宙的本质到底是什么？让我们从现代物理学的一个概念——能量说起。

一、能量的概念

能量是物质的时空分布可能变化程度的度量，用来表征物理系统做功的本领。当这个系统确定为宇宙时，能量便从最广义的角度去定义。现代物理学已明确了质量与能量之间的数量关系，即爱因斯坦的质能关系式：$E=mc^2$。狭义相对论认为“能量就是质量，质量就是能量”。能量以多种不同的形式存在，按照物质的不同运动形式分类，能量可分为机械能、化学能、热能、电能、辐射能、核能、光能、潮汐能等。这些不同形式的能量可以通过物理效应相互转移或化学反应相互转化。对于上述这些物理或化学能量，我们统称为“物质能量”。

除了物质能量外，宇宙中还有没有“意识能量”呢？答案是肯定的。生命体为了维持或提高生命质量，从宇宙中获取促进其生理、心理功能充分发挥所需的人、事、物或关系，我们将其统称为“意识能量”，它主要表现为身体、心理和价值三个方面。

二、宇宙统一于能量

（一）暗能量理论指出，宇宙统一于能量

现代物理学暗能量理论指出，宇宙 = 显物质 4%+ 暗物质 23%+ 暗能量 73%，由此可以看出宇宙由物质和能量构成。

爱因斯坦的相对论（物质的质量和它的能量成正比，可用公

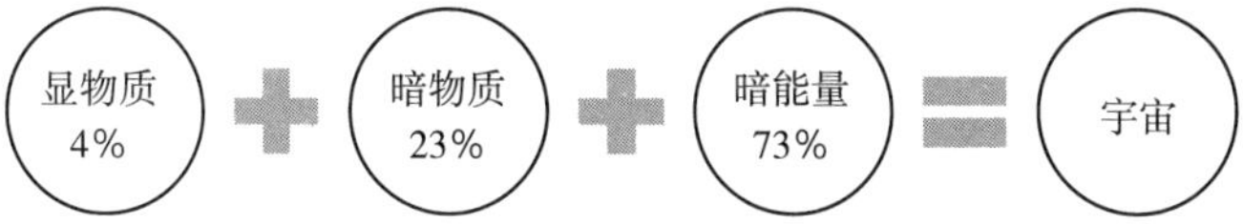

图 1–2　宇宙的组成

式表示：E=mc²。其中 E 为能量，m 为质量，c 为光速）发现任何物质在特定条件下可以转化成能量，同时能量在一定条件下，也可以转化成物质，由此可得出结论：宇宙 = 显物质 4%+ 暗物质 23%+ 暗能量 73%= 能量 27%+ 暗能量 73%，即宇宙由能量构成。

（二）量子物理指出，宇宙统一于能量

量子物理超弦理论已能够解释十维世界的现象。它认为，宇宙物质中最小的粒子不是质子、中子、电子、夸克等，而是一段开放或闭合的弦，弦的特性就是振动，振动形成波，波具有波粒二象性，波的粒子特性相当于物质特性，波的衍射特性相当于意识特性（仍在进一步证实中）。超弦是宇宙的最小单位体，也是能量的单位体，它同时具有物质特性和意识特性。由此可见，意识特性也是一种能量形式，超弦统一于物质特性和意识特性中，物质特性和意识特性是能量的两种存在形式，宇宙由无数个超弦构成。因此，宇宙统一于能量。

（三）佛学的空性观与能量本质和守恒相一致

根据能量守恒定律可知，宇宙能量是守恒的，表现为不生不灭、不增不减、不垢不净等特点；又按照超弦理论，当所有的超弦散开独立存在时，其表现为无像无声、无色无味、不垢不净等特点。

在一定条件下，散开的超弦可以聚集在一块，形成一定的粒子的集合体（即物质）或波的集合体（即意识），当条件不存在

时，这些集合体又将散开，回归到独立的超弦。

《心经》讲："照见五蕴皆空。""色不异空，空不异色，色即是空，空即是色，受想行识亦复如是。""是诸法空相，不生不灭，不垢不净，不增不减。"这里的"空"不代表什么都没有，不是我们现代人理解的"空"。我们以为一个苹果刚刚在手里，吃掉后手里就成空了，但佛法中的"空"是一种"空性"，空的本质是有的，有的是具备波粒二象性的超弦能量单元，这是"真空妙有"；"空"又同时代表什么都没有，指的是宇宙没有永恒不变的物质和意识，即"妙有真空"。

从现代物理学的角度讲，宇宙是能量的；从佛教的角度讲，宇宙是空性的，其实两者是一回事，只是从不同角度来表达而已。

综上所述，我们推断：物质和意识统一于能量，宇宙的本质是由能量构成的，幸福属于宇宙中的事物，那么幸福也属于一种能量。这为幸福研究指明了方向。

第五节　幸福人生观的选择

人生观是人们对人生目的和意义的根本看法，主要通过人生目的、人生态度和人生价值三个方面体现出来，它包括幸福观、苦乐观、生死观、荣辱观、恋爱观等，是世界观的一个重要组成部分，受到世界观的制约。

谈论幸福话题，绕不开人生观，因为人生观决定着幸福观。人生观的核心问题是如何认识和处理个人发展同社会进步的关系，即私与公的关系问题。马克思主义认为，各种人生观都是一定的社会生产力和生产关系的产物。由于不同时代各个阶级所处的社会地位不同，生活经历和境遇不同，对人生的意义和目的认识不同，人生观也必然不同。评价一种人生观是否进步，根本标准在于看它是否符合社会发展的要求。

古今中外，出现过各种各样的人生观，到底什么样的人生观才是正确的选择呢？我们对历史上出现过的主要人生观做了整理，并进行了比对分析，具体情况如下：

一、人生观种类

纵观人类历史，主要存在以下几种人生观，如图 1–3 所示。

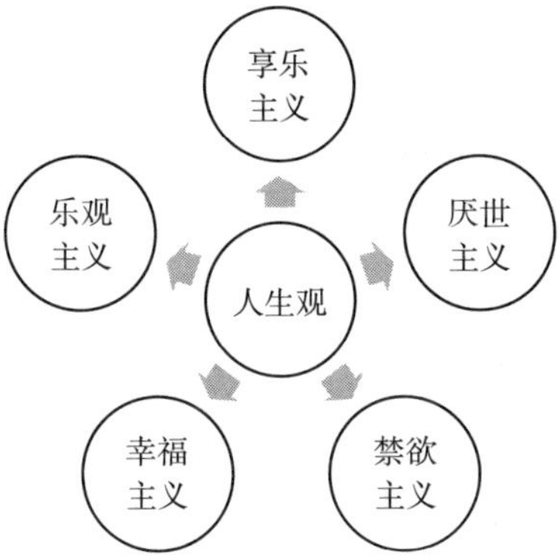

图 1–3　人生观种类

（一）享乐主义人生观

它从人的动物本能出发，将人的生活归结为满足人的生理需要的过程，提出追求感官快乐、最大限度地满足物质生活享受是人生的唯一目的。

（二）厌世主义人生观

宗教的厌世主义认为，人生是苦难的深渊，充满各种烦恼与痛苦，唯有脱俗灭欲，才能真正解脱。

（三）禁欲主义人生观

它将人的欲望特别是肉体的欲望看作一切罪恶的根源，主张灭绝人欲，实行苦行主义。

（四）幸福主义人生观

一种观点是强调个人幸福是人生的最高目的和价值；另一种观点是在强调个人幸福的同时，也强调他人幸福和社会公共幸福，认为追求公共幸福是人生的最高目的和价值所在。

（五）乐观主义人生观

它认为社会发展的前途是光明的，人生的目的在于追求社会的文明和进步，在于追求真理，对人生抱着积极乐观的态度。

二、人生观选择

综合生理学、心理学和社会学等学科，结合当下时代的特色，对上述五种人生观进行甄别与选择。

享乐主义人生观强调个人主义，一切以个人为中心，一切从自我出发，重视生理需求，重视物质享受，重视当下快乐，把最大限度地追求自身快乐视为人生的根本目的，这种人生观是我们所不齿的，因为它忽略了他人和社会的存在，故而根本无法实现长期充分的享乐。

厌世主义人生观总是看到人生的消极面，否认了人生的意义和价值，也是我们不认同的。

禁欲主义人生观过分强调克制自身欲望，忽略了正常人的合理需求，我们也不认同。

乐观主义人生观总是抱着积极与乐观的态度，给人带来了很多快乐，但人生的道路是曲折复杂的，对一些风险类事件持消极、悲观的态度，未必不是一件好事，我们可以取其积极正面的部分。

幸福主义人生观中只强调个人幸福，我们不认同。人毕竟是社会化的人，需要其他人的协作和支持才能完成各种社会化事务，这种只顾自己，不管其他人的以个人为中心的幸福主义人生观，本质上还是享乐主义人生观，不可取。

那我们应该选择什么样的人生观呢？幸福主义人生观在强调个人幸福的同时，逐步努力实现他人幸福和社会公共幸福的观点，是我们所认同的人生观。这种幸福观是个人幸福、集体幸福和社会幸福三者辩证统一的幸福观，是共同幸福的幸福主义人生观。没有共同幸福的幸福主义人生观，人生的幸福高度、广度和深度，一定是很有限的。只有树立了共同幸福的幸福主义人生观，人生的境界、格局才会无限宏大、宽广。古今中外的仁人志士，哪一个不是选择了这种人生观呢？

我们崇尚共同幸福的幸福主义人生观，强调个人幸福、集体幸福和社会幸福的和谐统一，这种美好愿景需要我们每一个人的认同与努力，从而使之变成幸福的事实。

第六节　幸福价值观确立

正确的人生观可以让我们在人生方向上做对选择，正确的价值观则让我们在具体事情上做对选择，它们都是获取幸福不可或缺的保证。因此，我们有必要了解与价值观相关的内容，从而提高认知决策能力。

什么是价值观呢？价值观是关于价值的信念、主张和态度的系统观点，起着行为取向、评价原则、评价标准和评价尺度的作用。

一、价值概念

价值属于关系范畴，是指客体能够满足主体需要的效益关系，是表示客体的属性和功能与主体需要间的一种效用、效益或效应关系的哲学范畴。价值作为哲学范畴，具有最高的普遍性和概括性。

二、价值存在观点

古今中外，人们对价值的本质存在着各种各样的认识，下面列举几类常见的观点：

1. 关系观点认为，价值是一种关系范畴，表示客体与主体之间的相互联系。文德尔班把价值当作一种联系和关系，并认为它是诸事物之间的联系和关系，而不是专指人类与客观世界的联系和关系，即任何有联系的事物之间都可能存在价值。

2. 意义、需要观点认为，价值是一种关系范畴，表示客体对主体的意义，客体满足主体需要的关系。

3. 属性、效用观点认为价值是指客观事物的一种有用属性。

4. 劳动量观点认为，价值就是劳动价值，它由劳动者所付出的劳动量来决定。

5. 主体、态度观点认为，价值是主体根据自己的需要自觉地、有意识地赋予客体的属性，它反映了主体对客体的态度。

以上这些观点从不同角度、在不同程度上反映出价值的某些外部或内部特性，但大都有其片面性，均不能全面反映价值的哲学本质。比如意义、需要观点和主体、态度观点，它们主要适用于宇宙与人之间的关系。哲学是研究宇宙的科学，应该具有最广泛的概括性，因此我们更认可关系观点和属性、效用观点，认为价值不仅专指宇宙与人之间的关系，也包含宇宙万物之间的关系。存在就是合理的，存在就有其特定的价值。这一观点对我们进行幸福研究起到了重大指引作用。

三、价值观概念

价值观是基于人一定的思维感官而作出的认知、理解、判断或抉择，也就是人认定事物、辨别是非的一种思维或取向，从而体现出人、事、物一定的价值或作用的思想观念。

四、价值观特点

（一）稳定性和持久性

价值观属于信念层面的内容，与一般的观念相比，具有相对稳定性和持久性。比如，一个以金钱为价值标准的人不会今天追求金钱，明天就追求幸福，其价值观会相对长时间稳定不变。

（二）历史性与选择性

在不同时代、不同社会生活环境中形成的价值观是不同的。

一个人的价值观是从出生开始，在家庭和社会的影响下，逐步形成的。一个人所处社会的生产方式及其所处的经济地位，对其价值观的形成有决定性的影响。

（三）主观性

主观性是指用以区分有无价值的标准，是根据个人内心的尺度进行衡量和评价的，这些标准都带有主观色彩。

五、价值观的重要性

价值观是在人与外界互动中，用来计算和衡量自己付出的代价和获得利益的标准和尺度。价值观的统一是协调人际关系的核心，方便计量自己的代价和所得，对避免人际冲突，改善人际关系有重要意义。

六、幸福价值观确立

价值是宇宙中万事万物存在着的普遍关系，也体现着事物的功能属性。价值不只存在于人与人之间，也存在于人与物、物与物之间，任何事物均存在价值，物与物之间的价值标准是客观的、统一的、稳定的，而人与人、人与物之间的价值标准受到人的认知、情感、意志等因素影响，是主观的、差异的、变化的。

哲学表明，世界观决定人生观，人生观决定价值观，我们选择了共同幸福的幸福主义人生观，就必然选择共同幸福的幸福主义价值观。

共同幸福的幸福主义价值观认为，一切能够促进个人幸福和社会幸福的人、事、物、关系等就是正价值，就是正能量；一切

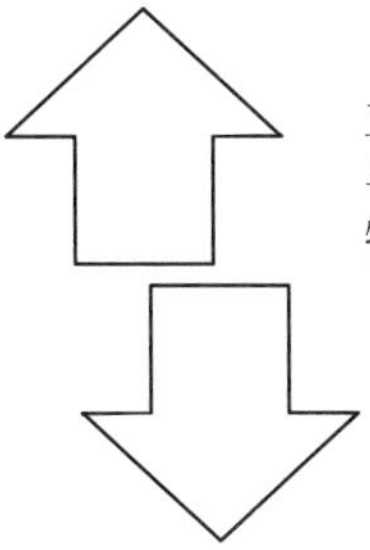

图 1-4　幸福价值观的总标准

阻碍个人幸福和社会幸福的人、事、物、关系等就是负价值，就是负能量。这是我们幸福价值观的总标准。

由于价值存在着相对性、能力性、变化性、层次性等特点，导致价值标准不止一个，而是有一套价值标准系统，这个价值标准系统构成了幸福价值观的整个内容。

幸福价值观的确立，提供了一套行为评价标准，解答了人们在生活中由于价值标准混乱和无知而造成的困惑，让人们在社会生活中不再轻易依从、顺从于一些不理性的价值观，比如“金钱至上”“今朝有酒今朝醉”等。同时，它为人们指明了行动方向，为人们不断提高幸福指数奠定了坚实的基础。

第二章　幸福研究的科学探寻

幸福研究离不开哲学，也离不开科学。

如果说哲学让我们有了宏大的视野和系统的思维，那么可以说，科学让我们有了严密的逻辑和落地的方法。从哲学探讨中，我们明白了宇宙的本质是能量；从科学的角度看，我们必须进一步了解能量转移到底有什么规律。此外，既然世界是由物质和意识组成的，那么物质能量和意识能量有何转移规律呢？我们是否可以科学地掌握这种规律，从而去创造自己想要的结果呢？也许有人觉得奇怪，这不是谈论幸福，倒像是讨论科学。是的，幸福虽然是一个感性的话题，但其产生的过程是理性的，幸福形成及变化的过程有其科学性。

科学探寻继续前进，于是走进了现代心理学，可以说，目前学界关于幸福研究的90%的书籍是直接从心理学角度切入的，讨论幸福话题当然首先要深入了解心理学。心理学的知识庞博浩瀚，对于一个没有基础的读者而言，理解起来还是有相当难度的，然而要想有一个整体性的了解，需要花费很长的时间。为了让没有心理学基础的读者有一个综合的了解和认知，现将心理学的相关原理、方法和技巧系统地梳理一遍，并重点介绍与幸福主题息息相关的人格结构、需求层次、心理运行机制、情绪情感、个性特征等，同时，我们也提出了大量自己的创见。

以人格结构为例，“九型人格”是大家比较熟悉的人格划分法，但它离普通人有点远，不太容易理解，为此，按照精神分析的人格理论，我们提出了更为简洁实用的“七型人格”。我们还提出了“立体需求层次”理论，这与马斯洛的“需求层次理论”有所不同，是对弗洛伊德的人格结构理论与马斯洛需求层次理论的综合运用。

我们非常清楚，“七型人格”和“立体需求层次”的提出，让很多人非常震惊，他们甚至认为我们不自量力、简直疯狂。这种态度非常正常，任何一个打破固有认知的新理论，特别是挑战大师权威的新理论，都会让人难以接受。以马斯洛“需求层次理论”为例，它是心理学界普遍认同的需求原理，我们却认为这个理论有缺陷，这真的令人难以置信。但是，科学探究就是如此，探究的路上没有最高峰，只有更高峰。遇到新的事实，必须讲出新的事实，不管之前的情况多么让人感到不可思议，这是绕不开的路径。实践是检验真理的唯一标准，请用“空杯心态”看待这些新理论，只要将它们在自己身上或周边熟悉的人身上进行验证，答案自有分晓，因为我们是秉着科学的精神提出这些新见解的。希望大家与我们一起边探讨边前行。

第一节　宇宙能量转移规律

通过对宇宙本质的探讨，我们知道宇宙的本质是能量，物质和意识统一于能量。人是宇宙的一部分，也是能量的一种特殊形式，我们只有认识能量、了解能量、把握能量的运动规律和特点，才能更好地利用能量，也才能让能量更好地帮助人们提高幸福指数。

能量运动有如下四个特点。

（一）能量分布不均

根据宇宙质量公理可知，宇宙空间中充满着无穷的质量，但质量在空间中永远分布不均。根据相对论可知，质量在一定条件下可转换成能量，也就是能量在宇宙中永远分布不均，这种不均导致能量之间存在位势差，从而形成宇宙运动的原动力，推动着能量的转化或转移。

（二）能量转化规律

能量转化是指能量由一种形式转化成另一种形式的过程，它可以在物质能量的多种能量形式之间相互转化，如电能转化为机械能、化学能转化为热能等；也可以在意识能量的多种形式之间相互转化，如生理能量转化成心理能量、心理能量转化成价值等；还可以在物质能量和意识能量之间相互转化，如食物转化为身体里的能量、自然资源转化为商品等。能量转化规律推动着人们通过能量交换获得自己想要的能量形式。

（三）能量转移规律

能量转移规律是指能量从一个系统转移到另一个系统的过程中遵循自身特定的规律。

（四）能量守恒规律

能量在特定的系统中，既不会凭空产生，也不会凭空消失，只能从一个系统转移到另一个系统，或者由一种能量形式转换成另一种能量形式，系统内的总体能量保持不变，除非系统与外界存在着能量输入或输出。

一、物质能量转移规律

根据物理学原理，我们知道物理能量的一些转移规律，但它们都是单一能量形式的转移规律。我们想要探讨的是，整个物质能量（又称物理能量）有无统一的转移规律。为此，我们对宇宙中已知的部分物理能量形式，按照规则设计表格进行比对研究（表 2–1）。

表 2–1　物质能量分类及转移规律比对表

<table>
<tr><th>能量分类</th><th colspan="2">分　解</th><th>KPI</th><th>说　明</th><th>经外力做功可否逆转</th><th>结　论</th></tr>
<tr><td rowspan="10">物质能量</td><td rowspan="4">机械能</td><td rowspan="2">动能</td><td>V（速度）</td><td>同向碰撞时，能量由高速物体往低速物体转移</td><td>可</td><td rowspan="10">物质能量的转移均遵循在特定物理参数条件上由高处往低处转移，经过外力做功，可使能量在该参数上逆势转移</td></tr>
<tr><td>P（能量）</td><td>反向碰撞时，能量由高动量往低动量物体转移</td><td>可</td></tr>
<tr><td>势能</td><td>H（高度）</td><td>由相对高位处往低位处转移</td><td>可</td></tr>
<tr><td>机械波</td><td>E/S（高能量密度）</td><td>由高能量密度往低能量密度处转移</td><td>可</td></tr>
<tr><td>内能</td><td>热能</td><td>T（温度）</td><td>由高温向低温转移</td><td>可</td></tr>
<tr><td>化学能</td><td>化学能</td><td>活性</td><td>由高活性向低活性处转移</td><td>可</td></tr>
<tr><td rowspan="2">磁能</td><td>电能</td><td>U（电压）</td><td>由高电压处往低压处转移</td><td>可</td></tr>
<tr><td>磁能</td><td>E/S（高能量密度）</td><td>由高能量密度往低能量密度处转移</td><td>可</td></tr>
<tr><td>原子能</td><td>原子能</td><td>E/S（高能量密度）</td><td>由高能量密度往低能量密度处转移</td><td>可</td></tr>
<tr><td>光能</td><td>光能</td><td>E/S（高能量密度）</td><td>由高能量密度往低能量密度处转移</td><td>可</td></tr>
</table>

通过表 2–1 的比对，我们发现物理能量存在着特定的转移规律。

（一）自动转移

物质能量由多种形式的能量组成，每种能量形式均在特定物理参数条件下，由高处往低处自动转移。比如，热能沿着温度这个参数，由高温处向低温处自动转移，电能沿着电压由高压处向低压处自动转移等。

（二）做功转移

物质能量如果经过外力做正功，可使能量沿着特定参数逆势转移。比如，冰箱是通过电力做功，使热能沿着温度这个参数，由低处向高处转移；又如抽水机是通过电力做功，使重力势能沿着重力的方向，由低处向高处转移等。

（三）不转移

不管能量是自动转移还是做功转移，它们都需沿着特定的参数，如果不沿着这个参数，无论如何做功，做的功都是无用功，在这方面的能量并不发生转移。比如，水平推动物体，无论我们多辛苦、多努力，该物体的重力势能都没有发生任何改变。

上述三种情况是所有物质能量存在的共同的转移规律，对我们幸福研究的启发有三点：

第一，该规律的核心是找出相应能量形式的物理参数，如果参数找错了，无论多努力，都是白辛苦。它带给我们的生活启示就是先要找准方向、找准切入点，否则就会南辕北辙。

第二，该规律告诉我们，在特定的物理参数条件下，当我们处在该参数高处时，能量并不需要我们去努力追求，它可以自动转移。比如，在顺水乘船时，船夫无需划桨，就可以轻松顺利地到达目的地。

第三，该规律告诉我们，在特定的物理参数条件下，当我们处在该参数低位时，要想让能量向我们转移，必须沿着该参数做功，而且是做正功，尽量高效做功。比如，船在下游，要想逆水上行，就必须做功，想偷懒又想要到达目的地是不可能的。

人在追求幸福的过程中，离不开物质能量的转移，掌握并运用物质能量转移规律，对我们高效提高幸福指数有着重大的现实意义。

二、意识能量转移规律

研究物质能量转移规律，对我们的人生有很大的启发。那么，在意识能量之间是否存在转移规律呢？

现在，我们将已知的部分意识能量形式，按照规则设计表格进行比对研究（表 2–2）。

表 2–2　意识能量分类及转移规律比对表

能量分类	分　解	KPI	说　明	经外力做功可否逆转	结　论
意识能	身体能	健康	由弱到强	可	意识能量的转移均遵循在特定意识参数条件上由弱（少、低）处往强（多、高）处转移，经外力做功，可使能量在该参数上逆势转移
		体能	由弱到强	可	
		形象	由弱到强	可	
	心理能	气质	由弱到强	可	
		性格	由弱到强	可	
		能力	由弱到强	可	
		知识	由弱到强	可	
		情感	由弱到强	可	
		意志	由弱到强	可	
	价　值	财富	由弱到强	可	
		人际	由弱到强	可	
		环境	由弱到强	可	

通过表 2–2 的比对，我们发现意识能量存在着特定的转移规律：

（一）自动转移

意识能量由多种形式的能量组成，每种能量形式均在特定意识参数条件下，由低处往高处自动转移。比如，生态系统中的弱肉强食法则阐明，在生态食物链中，生命能量沿着生存能力这个意识参数，由弱处向强处自动转移；在人类竞争中，价值能量沿着综合实力这个意识参数，由弱处向强处自动转移等。人们经常谈到的“吸引力法则”就是意识能量自动转移的案例。

（二）做功转移

如果经过外力做正功，可使意识能量沿着特定意识参数逆势转移。比如，谈恋爱时，由于自身条件有限，既不高又不富还不帅，优秀的女孩子自动向你靠拢的可能性不大，那怎么办？沿着女孩子的需求努力做功，让她得到她想要的，逐步获得她的芳心，这种现象在生活中比较常见。

（三）不转移

不管意识能量是自动转移还是做功转移，它们都需沿着特定的意识参数，如果不沿着这个参数，无论如何做功，做的功都是无用功，在这方面的能量并不发生转移。比如，十几年前我当公务员时，想得到上司的重用和提拔。有一届领导是一个喜欢溜须拍马的人，而我自认为有几分能力，清高孤傲，不屑于干这种事情，因此无论我如何努力，都未得到重用和提拔；过了不久，换了一届领导，新领导是一个实干家，喜欢业绩，而我是个业务能手，于是被该领导赏识，很快就被重用了。

上述三种情况是所有意识能量存在的共同的转移规律，对我们幸福研究的启发同样有三点：

第一，该规律的核心依然是找出相应能量形式的意识参数，如果参数找错了，意识能量不会发生转移。

第二，该规律告诉我们，在特定的意识参数条件下，当我们处在该参数高处时，意识能量并不需要我们去努力追求，它可以自动向我们转移。

第三，该规律告诉我们，在特定的意识参数条件下，当我们处在该参数低位时，要想让能量向我们转移，必须沿着该参数做功，而且是做正功，尽量高效做功。比如，我们在社会中人微言轻，讲话影响力小，那我们就要努力做功，不断地提高自己的美誉度和影响力。

（四）意识系统之间的转移规律

将两个意识系统进行比较时，有以下三种情况：

第一种：在综合实力不相当的前提下，当发生整体竞争时，意识能从综合实力弱的一方向强的一方自动转移；经过外力做正功，可以逆势转移。比如，甲乙两同学，甲同学学习的综合实力比乙同学强，甲同学的心理素质比乙同学的心理素质好，在考试的时候，甲同学的成绩就会比乙同学好；乙同学要想改变此结果，就需要加强自身综合实力的建设，不断做正功。

第二种：在综合实力不相当的前提下，在某个意识参数进行局部竞争时，意识能量沿着该意识参数由低处向高处自动转移；要想逆势转移，必须沿着该意识参数做正功。比如，甲乙两人，甲的综合实力强于乙，乙在体能竞技方面略强于甲，而且乙在参加体育竞技时心理素质也比甲好，那么体能竞争利益从甲向乙自动转移；要想逆势转移，甲需要在心理素质方面做正功。

第三种：在综合实力相当的前提下，意识能量从某个意识参数的低处往高处自动转移；经过外力做正功，可使能量在该参数上逆势转移。如两个条件相当的人竞争，心理脆弱的人通常会输给心理强大的人，竞争利益会向心理强大的人自动转移；心理脆弱的人要想获得竞争利益，需要在心理素质方面做正功。

三、能量转移规律的意义

（一）认识能量转移规律

通过对物质和意识能量转移规律的分析研究，我们发现物质能量转移规律和意识能量转移规律有很多相似的地方：第一，都必须沿着特定的参数；第二，都可以自动转移；第三，都可以做功转移；第四，如果参数不对，能量不会发生转移。但它们之间也存在着不同点：物质能量转移是沿着特定物理参数由高处往低处自动转移，而意识能量是沿着特定意识参数由低处往高处自动转移。中国有句古话说："人往高处走，水往低处流。"用在这里为两种能量转移规律做注脚，恰到好处。"人往高处走"代表了意识能量转移规律，"水往低处流"代表了物理能量转移规律。

认识和掌握能量转移规律，对我们自身的发展有着里程碑式的意义。人是物质与意识的共同体，环境和身体的物理属性等，遵循物质能量转移规律，这就是"天道"；身体、心理、精神、财富等的意识属性，遵循意识能量转移规律，这就是"人道"。日本知名企业家稻盛和夫提出的"敬天"就是遵循天道，"爱人"就是遵循人道。人只有既遵循天道又遵循人道，才是真正的"道中人"，这样才能获得真正的智慧，才可能过上持续的幸福生活。

（二）抓住关键参数，提高综合实力

通过分析发现，能量均沿着特定的参数自动转移或做功转

移，不同能量形式存在不同的参数，如果没有找准参数就做功，容易做无用功甚至负功。因此，找准参数是做正功和提高综合实力的前提。比如，婚姻中一方喜欢浪漫，而另外一方只会脚踏实地、兢兢业业，结果关系还是不和谐，这就是做了无用功甚至负功的表现。

意识能量由身体、心理和价值三者构成，它们之间存在着密不可分的关系。身体是心理、价值存在的前提和基础，身体状态影响心理状态，心理状态也影响身体状态；身体状态影响价值，价值也影响身体状态；身体、心理创造价值，价值为身体、心理服务；身体、心理与价值成正相关，身体、心理、价值三者是辩证关系，相互依存，相互作用，整体是螺旋式上升、曲线式发展的。

在身体、心理和价值三者之间，心理是核心因素，是意识能量转移的关键参数。因此，在后面的课题研究里，我们会紧紧围绕心理这个参数进行深入的研究。

（三）幸福需要遵循能量转移规律

宇宙中存在着无穷的能量，人只是其中的一小部分，人的生存和发展需要能量，但并不是任何性质的能量对人都有利，比如压力、病毒等；也不是能量的数量越多越好，比如，一个人只能吃一碗饭，但非要他吃两碗，那第二碗饭对人则不利。人对能量是有选择的，要将外界有价值的能量转移进来，把对自身没价值的能量转移出去。要想心想事成、梦想成真，使人们的幸福指数不断提高，就必须掌握和遵循能量转移规律。

（四）能量转移规律对幸福管理的意义

综上所述，“宇宙由能量构成”“物质能量转移规律”“意识能量转移规律”“人是物质能量和意识能量的统一体”“抓住关键参数，提高综合实力”“人对能量是有选择的”“幸福需要遵循能量转移规律”等观点，综合阐明了能量转移的规律。我们研究能量转移的目的就是希望更轻松高效地获取宇宙正能量，排出负能量，使身心获得更大的正能量满足，减少负能量的干扰，同时帮助更多人掌握能量转移的规律和方法，不断提高幸福管理的能力，提高人们的幸福指数，最终获得幸福人生。

第二节　心理科学原理

意识能量转移规律阐明了身体、心理和价值是意识能量的重要参数。其中，心理是核心参数，因此有必要对与研究幸福相关的主要心理学知识进行梳理。

一、三大心理学派

心理学是一门有着长远历史但又很年轻的科学。因为早在古希腊时就已经有了心理学，但它被确立为一门独立的科学，却只是近一百多年的事情。心理学先后出现了三大主要学派。

（一）精神分析学派

精神分析学派，产生于19世纪末20世纪初，创始人是奥地利的心理学家弗洛伊德。该学派的主要代表人物有弗洛伊德、阿德勒和荣格。弗洛伊德将人的心理活动及其构造划分为潜意识、前意识和意识三个部分，广义的潜意识可以涵括前意识，并注重描述心理的不同深度层次和研究潜意识活动的规律。在他看来，人的心理犹如大海中漂浮的冰山，露出水面的一小部分是意识，隐没在水面之下的大部分则是潜意识。潜意识是意识的基础，个人的行为动机，甚至整个人类的活动和文明的发展，都可以在潜意识中找到根源。

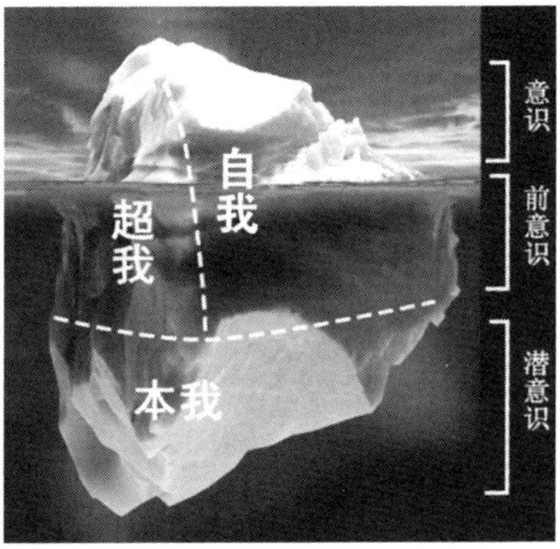

图 2-1　本我、自我、超我与意识、前意识、潜意识关系图

弗洛伊德还认为，完整的人格结构由三大系统组成，即本我、自我和超我。对一个心智健全的人而言，这三大系统是和谐统一的整体，它们的密切配合使人能够卓有成效地展开与外界环境的各种交往，以满足人的基本需要和欲望，实现人的崇高理想与目标。反之，如果人格的三大系统难以协调、相互冲突，人就会处于失常状态，内外交困，活动效率也随之降低，甚至危及人的生存和发展。

1. 意识

意识属于人的高级心理，是人类与动物心理的本质区别。人的意识既包括对周围事物的意识，也包括自我意识。广义的意识指人的主观世界，是全部心理活动的总和。狭义的意识指在人脑中瞬间呈现的能够自我觉察到的心理活动内容。

2. 潜意识

潜意识是人们不能认知或没有认知到的部分，是人们“已经发生但并未达到意识状态的心理活动过程”。它是人类原本具备却忘了使用的能力，这种能力我们称为“潜力”，也就是存在却未被开发与利用的能力。潜意识的特征如图 2–2 所示。

图 2–2　潜意识六大特点

根据潜意识不识真假的特点，不管多荒唐的事物，只要相信，潜意识就会发生作用，因此大脑想象出来的事情，即使是虚拟的，它也会像真实发生的事情一样使人产生心理反应，这也就是“信则有，不信则无”的心理现象。

3. 前意识

前意识，指潜意识中可召回的部分，是人们能够回忆起来的经验。它是潜意识和意识之间的中介环节。潜意识很难或根本不能进入意识，前意识则可能进入意识，所以尽管前意识与意识之间有界限，但没有不可逾越的鸿沟。

（二）行为主义学派

现代心理学的第二个学派是行为主义。该学派的主要代表人物是华生和斯金纳。行为学派认为，人的心理意识、精神活动是不可捉摸的，是不可接近的，心理学应该研究人的行为。行为是有机体适应环境变化的身体反应的组合，这些反应是肌肉的收缩和腺体的分泌。心理学研究行为在于查明刺激与反应的关系，以便根据刺激推知反应，根据反应推知刺激，从而达到预测和控制人的行为的目的。

（三）人本主义学派

人本主义于 20 世纪 50—60 年代在美国兴起，70—80 年代获得迅速发展，该学派的主要代表人物是马斯洛和罗杰斯。人本主义既反对行为主义把人等同于动物，只研究人的行为，不理解人的内在本性，又批评弗洛伊德只研究神经症和精神病人，不考察正常人心理，因而被称为心理学的第三种运动。

人本主义学派强调人的尊严、价值、创造力和自我实现，把人的本性的自我实现归结为潜能的发挥，而潜能是一种类似本能的性质。人本主义学派认为，只有未满足的需要对人的行为才有驱动力。他们对人类的基本需要进行了研究和分类，将之与动物的本能加以区别，提出人的需要是分层次发展的，分别是生理需要、安全需要、情感与归属需要、尊重需要和自我实现需要等需要层次。

三大心理学派从不同角度和侧面研究了心理运行规律，但都存在局限性，它们不能全面、系统、客观地反映心理运行规律，而我们不能使用局部规律来解决心理的全部问题。因此，我们幸福理论研究是在充分了解三大学派适用范围以及各自优缺点的基础上，有机地运用三大学派理论及方法，全面系统地研究心理与幸福的关系，帮助人们提高幸福指数。

二、三大心理学科

心理学是一门研究人类心理现象及其影响下的精神功能和行为活动的科学。按研究领域分，有比较心理学、生理心理学、认知心理学、性别心理学、社会心理学、文化心理学、临床心理学等。我们在此只探讨与幸福研究紧密相关的生理心理学、发展心理学和社会心理学三大学科。

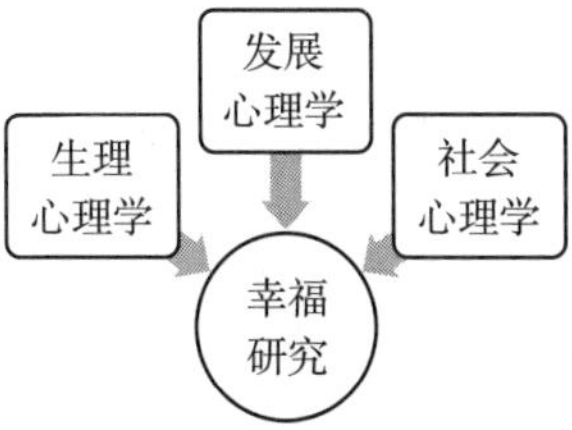

图 2–3　与幸福研究紧密相关的三大心理学科

（一）生理心理学

生理心理学是研究心理现象和行为产生的生理过程的心理学分支。它试图以脑内的生理事件来解释心理现象，又称生物心理学、心理生物学或行为神经科学。

生理心理学是心理科学体系中的重要基础学科，它主要研究心理行为活动的生理学机制，从多学科、多方面、多角度、多层次对心理行为现象展开研究。

生理心理学与幸福密切相关，在研究情绪产生的生理机制时，生理学知识告诉我们身体会分泌出多种荷尔蒙，比如肾上腺素、去甲肾上腺素等；大脑会分泌多种神经递质，尤其是内啡肽、血清素、多巴胺等生理物质的发现，把看似虚无的心理感受变得具体实在了。

（二）发展心理学

发展心理学是研究种系和个体心理发生与发展的学科。种系心理发展指从动物到人类的心理演变过程，个体心理发展指人类个体从受精卵开始到出生、成熟直至衰老的整个生命过程中心理发生和发展的过程。发展心理学主要包括动物心理学、儿童心理学、中年心理学和老年心理学等，其中儿童心理学又是发展心理学的主干内容，发展心理学的狭义概念就是指儿童心理学。

发展心理学中影响最大的就是皮亚杰的理论，其理论核心是发生认识论，主要研究人的认知、智力、思维、心理的发生和机构。皮亚杰认为，心理、智力、思维，既不是起源于先天的成熟，也不是起源于后天的经验，而是起源于主体的动作。

我们研究幸福是站在发展的立场上进行的，每一个人在不同年龄阶段的心理特点是不一样的。发展心理学可以帮助我们认识不同阶段的心理特点及其规律，尤其是儿童时期，人的心理处在一个非常强的可塑阶段，此时的一些经历会影响其一生。发展心理学使我们能够更好地满足人们阶段性和个性化的需求，对帮助人们提高幸福指数很有现实指导意义。

（三）社会心理学

社会心理学是研究个体和群体在社会相互作用中的心理和行为发生及变化的规律。社会心理学在个体水平和社会群体水平上对人际关系进行探讨。在个体水平上进行的研究内容有：个体的社会化过程，交往、言语发展、伙伴、家庭和居住环境及学校对个人的影响等。在社会群体水平上进行的研究内容有：群体交往结构、群体规范、态度、种族偏见、攻击行为、风俗习惯和骚乱等。

社会心理学的理论价值在于提高人认识自身的能力，提高人的生活质量。幸福不仅涉及生理层面、心理层面，还涉及社会层面，社会心理学指明了人际互动中，社会心理的一些基本规律和一些心理效应，指明如何扩大人际影响、塑造人际吸引等内容。人都是社会中的人，我们每个人都受社会的影响，同时影响着社会中的每个人，人际互动可以是正向互动，也可以是负向互动，社会心理学为我们指明了方向。

综上所述，生理心理学是从生理层面和心理层面交叉研究的心理学；发展心理学是从人发展的不同阶段的心理特点和规律进行研究的心理学；社会心理学是从社会层面和心理层面交叉进行研究的心理学。它们从不同角度对普通心理学做了重要的补充，是我们幸福研究的重要理论基础。

三、人格结构理论

根据方法论系统中的拆分法，我们可以将一个法人拆分成多个自然人，那么一个自然人可不可以拆分成多个“心理人”呢？当然是可以的。在学术界存在着多种拆分法，有的分为真我、假我，有的分为大我、小我，那到底哪一种分法比较科学呢？我们发现弗洛伊德的人格结构理论是最科学的，因为他将一个自然人拆分成本我、超我、自我三个“心理人”，其中本我与超我处于对立统一位置，符合“二一分析法”；而自我处于不对立但统一的位置，这又符合“三一分析法”。因此，这种分法符合宇宙规律，存在着科学性。

当然，有人对弗洛伊德的力比多等理论有不同看法，但他的人格结构理论既符合了方法论的验证，又得到了心理学家们的普遍认可，还得到了大量心理学实践的证明。因此，我们将弗洛伊德人格结构理论当作幸福理论研究的心理学基础，贯穿于整个研究过程。

（一）弗洛伊德的人格结构理论

弗洛伊德认为，人格由本我、自我、超我三部分组成。

本我位于潜意识中，由人的本能、冲动等构成，是人格的生物面，遵循“快乐原则”。本我的特征是以自我为中心，只顾自己，不顾他人；只顾当下，不顾未来；好吃懒做，贪财好色；喜欢抢功，喜欢指责等。猪八戒的本我特征就很突出。

自我介于本我与外部世界之间，是人格的心理面。自我一方面能使个体认识本我能力，另一方面使个体为了适应现实而对本我加以约束和压抑，遵循的是“现实原则”。自我的特征是冷静理性、注重逻辑、关注价值、喜欢计较等。孙悟空的自我特征突出，打得赢就打，打不赢就找菩萨帮忙。

超我是人格的社会面，是“道德化的自我”，由“良心”和“自我理想”组成，超我的力量是指导自我、限制本我，遵循“理想原则”。超我的特征是关注感受、重视感情、遵守道德、理想主义、喜欢攀比、完美主义等。唐僧的超我特征突出，普渡众生，一心向佛。

本我、自我和超我不是静止的，而是始终处于冲突—协调的矛盾运动之中。本我在于寻求自身的生存，寻求本能欲望的满足，是必要的原动力；超我监督、控制自我，指导自我接受社会道德准则，以保证正常的人际关系；自我既要反映本我的欲望，又要接受超我的监督，还要反映客观现实，分析现实的条件和自我的处境，并找到途径满足本我欲望，以促使人格内部协调并保证与外界交往活动顺利进行。三者不平衡时容易产生心理失常，严重时甚至会引起精神分裂。

弗洛伊德的人格理论表明，他坚持身心统一的观点，从人的自然本质和社会本质的关系上考察人格的形成和发展，既肯定人的生理特征与心理功能，又肯定人的现实活动与社会特征。在他的人格结构中，人的生物本能、人所处的现实环境和人周围的社会文化因素共同构成一个复杂的矛盾运动的统一体，个人的动机、欲望和行为无不受到本能冲动的驱使，但人不得不面对现实的选择，接受社会价值规范的审判。这些都是他的人格论中积极的、合理的思想成果，丰富了关于人的本质的学说。而且，这种人格结构和发展模式对于人们的思想和行为具有现实的、可操作性的意义。

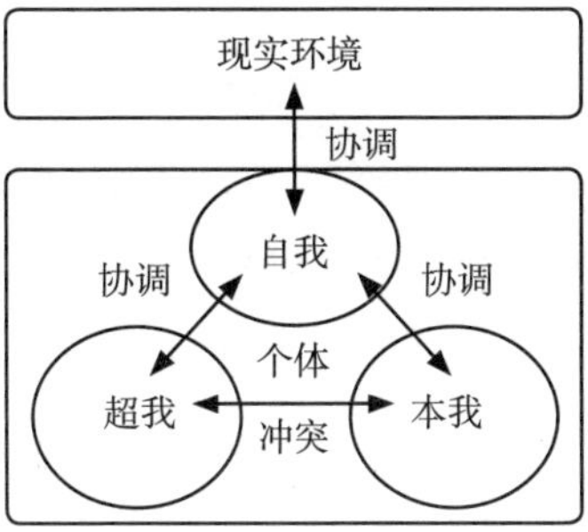

图 2-4　人格结构与现实之间的关系

（二）马斯洛需求层次理论

除了精神分析法鼻祖弗洛伊德从人格层面的角度来研究其构成外，还有人本主义的一个典型代表人物马斯洛，他从人格层次的角度来研究其构成，并提出了著名的马斯洛需求层次理论。

马斯洛把需求分成生理需求、安全需求、情感和归属需求、尊重需求、求知需求、求美需求和自我实现需求七类，依次由较低层次到较高层次排列。

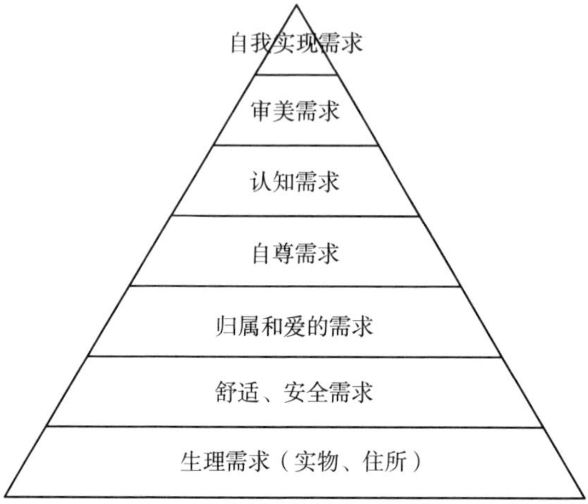

图 2–5　马斯洛需求层次

1. 七种需求像阶梯一样从低到高，按层次逐级递升，但这种次序不是完全固定的，可以变化，也有种种例外情况。

2. 需求层次理论有两个基本出发点：一是人人都有需求，某层需求获得满足后，另一层需求才出现；二是在多种需求未获满足前，首先满足迫切需求，该需求满足后，后面的需求才显示出其激励作用。

3. 一般来说，某一层次的需求相对满足了，就会向高一层次发展，追求更高一层次的需求就成为驱使行为的动力。相应地，获得基本满足的需求就不再是一股激励力量。

4. 七种需求可以分为两级，其中生理上的需求、安全上的需求和感情上的需求都属于低一级的需求，这些需求通过外部条件就可以满足；而尊重的需求和自我实现的需求是高级需求，他们是通过内部因素才能满足的，而且一个人对尊重和自我实现的需求是无止境的。同一时期，一个人可能有几种需求，但每一时期总有一种需求占支配地位，对行为起决定作用。任何一种需求都不会因为更高层次需求的发展而消失。各层次的需求相互依赖和重叠，高层次的需求发展后，低层次的需求仍然存在，只是对行为影响的程度大大减小。

马斯洛需求层次理论对心理学有着积极重大的作用。第一，马斯洛提出人的需求有一个从低级向高级发展的过程，这在某种程度上是符合人类需求发展的一般规律的；第二，马斯洛的需求层次理论指出了人在每一个时期，都有一种需求占主导地位，而其他需求处于从属地位。这一点对于管理工作具有启发意义。

马斯洛需求层次理论按人的普遍性和长远的发展来看，有其准确性，但从短期来看，就失去参考价值了。

第三节　心理运行规律

一、立体需求层次理论

根据对弗洛伊德人格结构理论和马斯洛需求层次理论的研究，我们发现他们从不同维度描述了人格结构的构成。弗洛伊德的人格结构理论适合于分析静态环境或短时间内的人格偏向，不适合于发展心理学中不同人生阶段的需求层次变化，它是“平面思维”，注重人格结构的平面性和静态性，忽略了人格的立体性和发展性；而马斯洛的需求层次理论是“三个我”的机械叠加，适合于发展心理学中不同人生阶段的需求变化，但并不适合于静态环境或短时间内的心理变化，它是“层次思维”和“发展思维”，注重层次性和发展性，却忽略了平面性和静态性。

发展心理学认为，在婴幼儿成长阶段，“三个我”的形成有先后顺序，如新生婴儿只有本我，1 岁半左右开始出现超我，

3 岁左右开始出现自我，这个发展顺序符合马斯洛需求层次理论。但是，当“三个我”都出现后，它们开始各自独立发展，这是马斯洛需求层次理论不适用的地方。比如，有的人长大成人后，自我发展得非常好，在外人看来，他很有成就感，可是，他自己过得很不快乐，甚至他自己都不知道是为什么。实际上，为了事业，他可能一直疏忽了本我，没有放松自己；同时，他也可能疏忽了超我，没有去做一些公益、赞助等符合超我原则的利他事情，所以他的发展是片面的，不开心是正常的。

为此，我们吸取了弗洛伊德人格结构与马斯洛需求层次理论的优点，同时，为防止偏颇性，创造了新的人格结构模型——立体需求层次模型（图 2–6）。

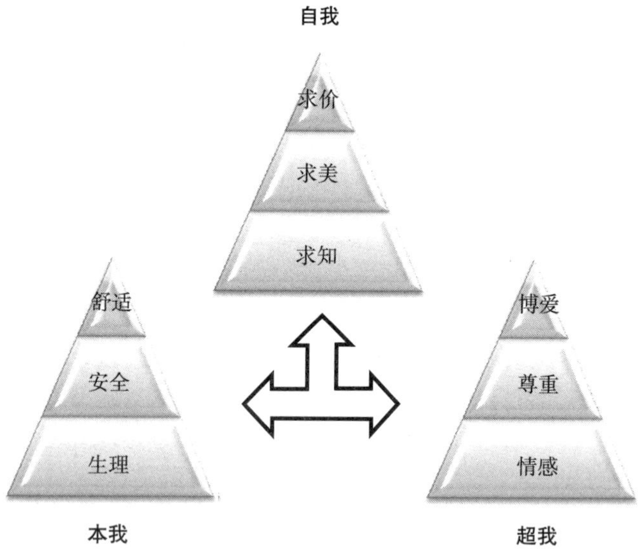

图 2–6　立体需求层次

立体需求层次理论，揭示了人格结构在形成和发展过程中，并不是“三个我”的简单叠加，也就是说，并不是一定要先发展本我，让本我得到充分满足之后才开始发展超我；也不是一定要先发展超我，让超我得到充分满足之后才开始发展自我。“三个我”自从出现后都是独立自主的发展，不存在谁先谁后的问题。

“三个我”都有自己独立的需求层次，到底分多少层，其实是可以因人而异的，可以细分多分，也可以粗分少分。为了理论的简单明了，通常分上中下三层。其中，本我有三层，分别是生理需求、安全需求、舒适需求；超我有三层，分别是情感（归属）需求、尊重需求、爱的需求；自我也有三层，分别是求知需求、求美需求、自我价值实现需求。它们在各自的需求金字塔里，按顺序变化，均遵循马斯洛需求层次的递进原理。

人的自身条件和成长环境不一样，人格发展进度和偏向也不一样，“三个我”发展过程中均呈现出各自的层次性和独立性，这样的横向发展与纵向成长叠加在一起，形成了一个立体人格和需求态势。

同时，立体需求层次理论提醒我们，既要考虑本我、超我、自我的均衡发展，又要考虑“三个我”在层次上的协调发展。只有综合发展，才可能培养出拥有健全人格的人，才可能协调好与自己的关系、与社会的关系和与自然的关系，才可能获得幸福的人生。

二、七型人格

在心理学界，人格分类有很多种，有四型人格、大五人格、六型人格、九型人格等多种分法，他们大多遵从行为主义，归纳统计人的行为规律，得出结论，有一定的应用价值，但是缺乏理论的严谨性，或者太过复杂、难以掌握操作，因此我们按照自己的逻辑，研发出了七型人格。

（一）七型人格的发现

我们在幸福管理的研究和实践中，学习和运用了萨提亚家庭治疗法，其中，萨提亚提出的五种沟通模式——指责型、讨好型、理智型、打岔型、一致型，给了我们很大的启发。透过这五种模型，我们发现它们之间存在着内在联系。结合弗洛伊德的人格结构理论分析发现，指责型属于本我强大的表现；讨好型属于超我强大的表现；理智型属于自我强大的表现；一致型属于"三个我"均衡发展的表现，这四种沟通模式都可以用人格结构来解释，而打岔型则找不出其中的人格逻辑，如果有逻辑，应与人格结构理论有关，也应该有三个新的人格出现。而这五种沟通模式中的四种完全符合人格结构理论，于是我们可以断定这种分类不完整，而且打岔型的分类标准不是很精确。由此，我们运用人格结构理论，按照人格结构"一强两弱、两强一弱、三者平衡"的逻辑，推出七种人格类型，我们把它命名为"七型人格"。

（二）七型人格的分类

我们根据人格结构理论将人格分成七类，如表 2–3 所示。

表 2–3　七型人格分类表

分类 标准	类型	本我	超我	自我
一强两弱型	本能型	强	弱	弱
	感情型	弱	强	弱
	理智型	弱	弱	强
两强一弱型	计较型	强	弱	强
	纠结型	强	强	弱
	奉献型	弱	强	强
三者平衡型	和谐型	三者平衡		

1. 按“一强两弱”分类

（1）本能型：本我强大，自我、超我弱小。

（2）感情型：超我强大，本我、自我弱小。

（3）理智型：自我强大，本我、超我弱小。

2. 按“两强一弱”分类

（4）计较型：本我、自我强大，超我弱小。

（5）纠结型：本我、超我强大，自我弱小。

（6）奉献型：自我、超我强大，本我弱小。

3. 按“三者平衡”分类

（7）和谐型：本我、自我、超我均衡发展。

（三）七型人格性格特点

1. 本能型

这种人格结构中，本我强大，而超我、自我弱小，通常表现为好吃懒做、贪财好色，只顾当下、不顾未来，只顾自己、不顾他人等本我特征。《三国演义》中的张飞就是本能型。

2. 感情型

这种人格结构中，超我强大，而本我、自我弱小，通常表现为关注感受、重视感情，遵守道德、理想主义，喜欢面子、贪图虚荣等超我特征。《三国演义》中的刘备就是感情型。

3. 理智型

这种人格结构中，自我强大，本我、超我弱小，通常表现为冷静理性、注重逻辑、关注价值等自我特征。《三国演义》中的曹操就是理智型。

4. 计较型

这种人格结构中，本我、自我强大，而超我弱小，通常表现为以自己为中心，重视价值，喜欢计较，在目标实现过程中，可能压抑超我，主要体现为本我、自我的共同特征。《三国演义》中的魏延就是计较型。

5. 纠结型

这种人格结构中，本我、超我强大，而自我弱小，通常表现为重视感受，喜爱面子，不想付出，内心经常处于犹豫不决、纠结状态中，主要体现为本我、超我的共同特征。《三国演义》中的袁绍就是纠结型。

6. 奉献型

这种人格结构中，超我、自我强大，而本我弱小，通常表现为喜爱面子，重视价值，现实理性，服务他人，为他人而活，主要体现为超我、自我的共同特征。《三国演义》中的诸葛亮就是奉献型。

7. 和谐型

这种人格结构中，本我、超我、自我相对平衡，会根据环境的需要进行理性的调节，主要体现为本我、超我、自我的共同特征，是一个完美的人格。《三国演义》中的司马懿就是和谐型。

（四）七型人格关系与改善策略

1. 七型人格关系

在弗洛伊德的人格结构基础上，按照“七型人格”的原理，把七种人格与“三个我”有机地结合起来，形成一个三角形逻辑关系图，如图 2–7 所示。

（1）本能型的人偏强的是本我，而对边的超我、自我偏弱。

（2）感情型的人偏强的是超我，而对边的本我、自我偏弱。

（3）理智型的人偏强的是自我，而对边的本我、超我偏弱。

（4）计较型的人偏强的是本我、自我，而对角的超我偏弱。

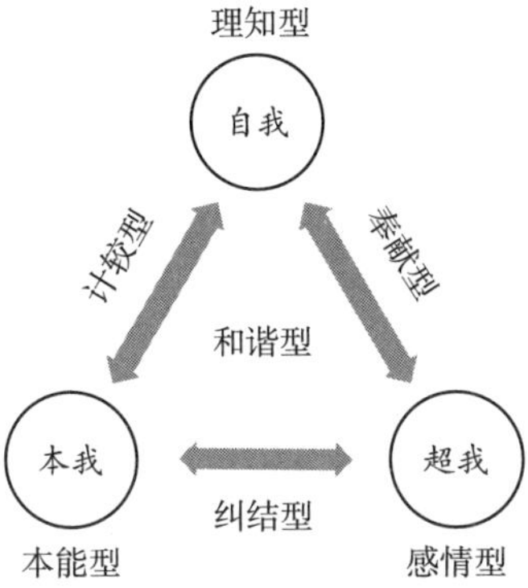

图 2–7　七型人格关系图

（5）纠结型的人偏强的是本我、超我，而对角的自我偏弱。

（6）奉献型的人偏强的是超我、自我，而对角的本我偏弱。

（7）和谐型的人本我、超我、自我平衡，提倡整体上升。

2. 七型人格改善策略

在人格成长过程中，总体原则是人格相对平衡和持续发展。针对人格相对平衡的问题，七型人格中除和谐型人格外，其他人格都是发展不均衡的。要想得到和谐型人格，针对“一强两弱”型，可以采取强化图中三角形对边的策略；针对“两强一弱”型，可以采取强化图中三角形对角的策略。持续发展的问题是所有人格共同的话题，需要让人格结构在保持相对平衡的基础上，不断地提升“三个我”的能力素质。当然，保持平衡并不是要求绝对平衡，也不是要求同时提升，发展可以有先后，也可以有侧重点。

“七型人格”对于人格的分类通俗易懂，人人可学，并且提出了对应的解决方案，可操作性强。通过图形分析，人们可以非常直观地发现自己的人格发展是否平衡、和谐，从而针对自己的弱势人格做出有的放矢的调整，以完善人格发展，活出健全、和谐的人格状态，这对幸福管理有着重要的指导意义。

三、三大心理过程

人的心理过程是一个复杂的过程，不同时期、不同学派从不同的角度对心理过程有不同的分法。有的人将心理分成认知、行为两个过程，“知行合一”是心理过程的“二分法”，主要代表人物有王阳明；现代心理学通常将心理分成认知、情绪、意志三个过程，这是心理过程的“三分法”；还有一种就是将心理拆分成认知、情绪、意志、行为四个过程，这是心理过程的“四分法”，佛家就是“四分法”的代表。

我在研究佛家思想的时候，发现四大菩萨所代表的意思与心理学提倡的心理过程有类似的地方，深入比对研究后，发现佛教中的四大菩萨——文殊菩萨、观音菩萨、普贤菩萨、地藏菩萨分别代表心理过程中的重要一环。文殊菩萨代表聪明智慧，也叫大智菩萨，与心理学的认知过程相对应；观音菩萨代表大慈大悲，又叫大悲菩萨，与心理学的情绪（情感）过程相对应；地藏菩萨是发大愿的象征，又叫大愿菩萨，与心理学的意志过程相对应。普贤菩萨代表菩萨行愿，又叫大行菩萨，与心理学的行为过程相对应。佛祖集慈悲、智慧、大愿、大行四种要素于一体，与整个心理过程相对应。

表 2-4　四大菩萨代表心理过程中的环节

过　程 名　称	认　知	情　绪	意　志	行　为
文殊菩萨	大智菩萨			
观音菩萨		大悲菩萨		
地藏菩萨			大愿菩萨	
普贤菩萨				大行菩萨

目前，学术界最常用的还是“三分法”，即将心理活动按认知、情绪与意志三过程进行拆分，形成了三个相互区别又紧密联系的有机过程。

（一）认知过程

人对外界事物的认知是一个系列的、关联的、呈递进关系的心理过程，我们又可以将其进一步细分成多个二级心理过程。

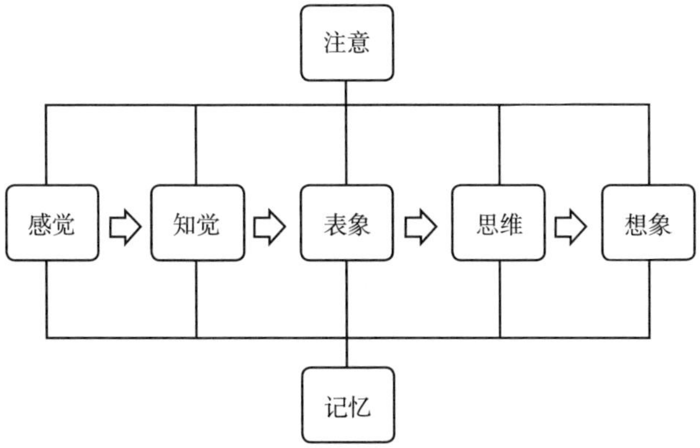

图 2–8　认知过程

1. 注意过程

注意是心理活动对一定对象的指向和集中，是伴随着感觉、知觉、记忆、思维、想象等心理过程而出现的一种共同心理特征。它是心理活动的能量供给中心，“意之所在，能量即来”。它是心理活动的照明中心，照到哪里哪里亮，包含有意注意和无意注意两种，贯穿于心理的整个过程。

2. 感觉过程

人可以通过眼睛看、耳朵听、鼻子嗅、舌头尝、手触摸等途径获得客观事物的色、声、气味、味道、软硬、冷热等个别属性的信息，这就是感觉。

3. 知觉过程

当获得关于某一事物足够数量个别属性的信息时，人就可以获得对某一客观事物的完整印象，这就是知觉。这种对直接作用于人感官的客观事物的初级认识，就是感觉和知觉，简称感知。

4. 表象过程

将过去感知过的事物形象在头脑中再现的过程叫作“表象”。当感知到某一事物的整体信息时，将这些零散信息加工成一个整体图像的过程即表象过程。即使事物不在眼前，头脑中也会呈现出一个虚拟图像。

5. 记忆过程

人们为了积累实践经验，在感知到客观事物的信息之后，要把这些信息储存在头脑中，这就叫作“记”，必要时再加以回忆采用，这就叫作“忆”，这两种心理活动统一起来叫作“记忆”。记忆就像一个贴身秘书，贯穿于心理活动的整个过程。

6. 思维过程

将感知到的信息在头脑中进行分析、综合、抽象、概括，从而对事物的本质和内在规律达到一定的理解，叫作“思维”。

7. 想象过程

人在头脑里对已储存的表象进行加工改造、形成新形象的心理过程叫作“想象”，这就是人对客观事物的认知过程。

（二）情绪过程

经过认知过程后，人会形成对事物的整体认识，并对认识的现实做出心理反应，这个过程叫作情绪过程，情绪过程也可以细分成多个二级心理过程。

1. 评价过程

根据认识的结果与自己的好恶、情感、价值观、道德观进行比对和评判，这就是评价过程。

2. 态度过程

评价过后会对认识对象表态，符合要求的就表现出正面积极的态度，不符合要求的就表现出负面消极的态度，这就是态度过程。

3. 感受过程

当人表现态度时，生理会被唤起，身体会分泌出相应的荷尔蒙，大脑会分泌出相应的神经递质，从而让人产生生理感觉和心理感受，这就是感受过程。

4. 情绪过程

当人产生生理感觉和心理感受后，生理、心理和行为层面会呈现出一致性的体验、表情和行为，从而产生情绪体验，这就是情绪过程。

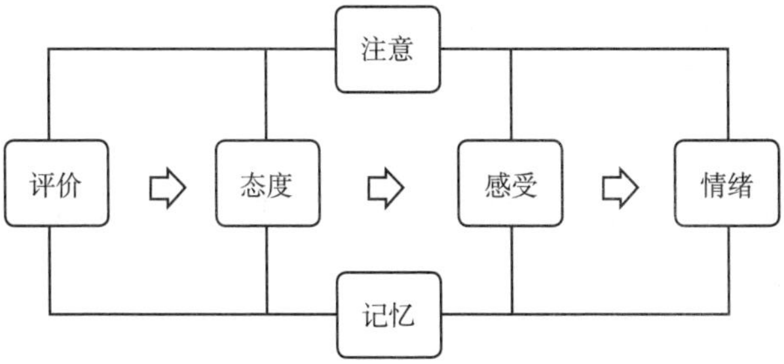

图 2–9　情绪过程

（三）意志过程

意志过程是指人在自己的活动中设置一定的目标，按计划不断地克服内部和外部困难并力求实现目标的心理过程。它是人的意识能动性的体现，即人不仅能认识客观事物，还能根据对客观事物及其规律的认识自觉地改造世界。对意志过程深入划分，其实包含了七个过程，具体如下：

1. 欲望过程

心理经过情绪过程后，情绪表达出人的行为倾向，让人产生“想要或者不想要”的心理状态，这就是欲望过程。

2. 动机过程

当人产生欲望后，心理会产生一种原动力，推动人去寻找资源满足这个欲望，这就是动机过程。

3. 目标过程

有了动机后，推动人进一步分析、解决问题的方法，寻找和确定具体的目标来满足欲望，这就是目标过程。

4. 策划过程

目标确立后，需要根据成本、利益、可行性等策划多个解决方案，提供给自我进行决策，这就是策划过程。

5. 决策过程

策划好后，针对多个策略，需要作出选择，确定采用哪个策略，这就是决策过程。

6. 执行过程

决策完后，需要采取具体行动，持续努力地去达成目标，这就是执行过程。

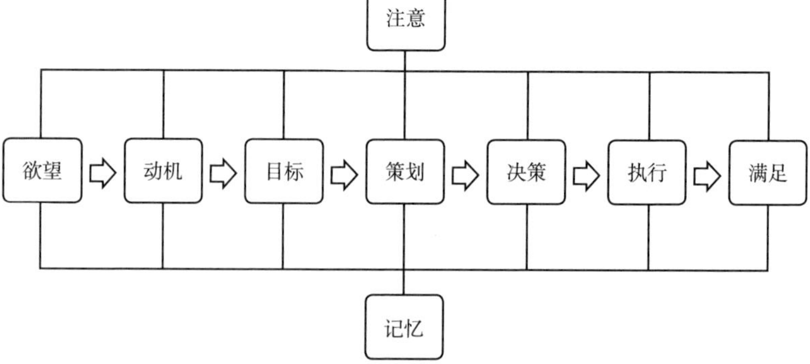

图 2–10　意志过程

7. 满足过程

目标达成后，往往只是获得了让人满足的具体人、事、物等，不等于万事大吉，还要让这个目标去满足欲望，这才是心理过程的目的和意义，这个过程就是满足过程。

（四）心理综合运行过程

将认知过程、情绪过程、意志过程综合起来，就形成了心理活动的整个流程图（图 2-11）。

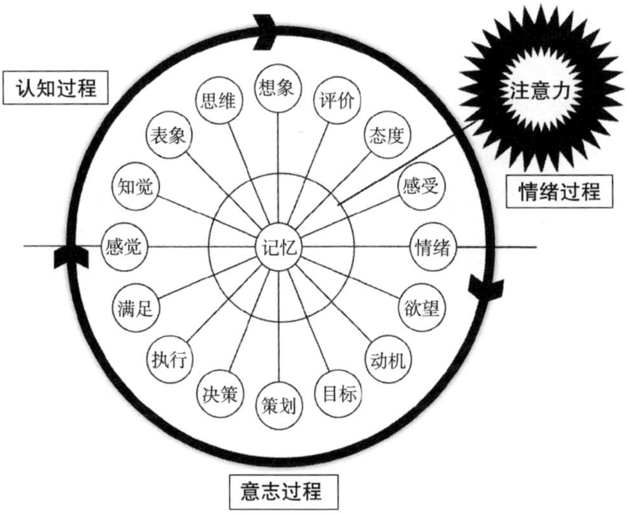

图 2-11　心理活动流程图

（五）心理快捷方式

心理过程漫长复杂，在现实生活中，人不可能对任何事情都深入思考、理性决策、踏实执行，当人的信念、情感和习惯形成后，心理会选择快捷方式，即由感知直接到情绪和行为的快捷心理过程，这种快速反应机制依靠好恶、情感、习惯运行，无须思考，对人来讲最轻松、最省力。快捷方式节省了心理能量，提高

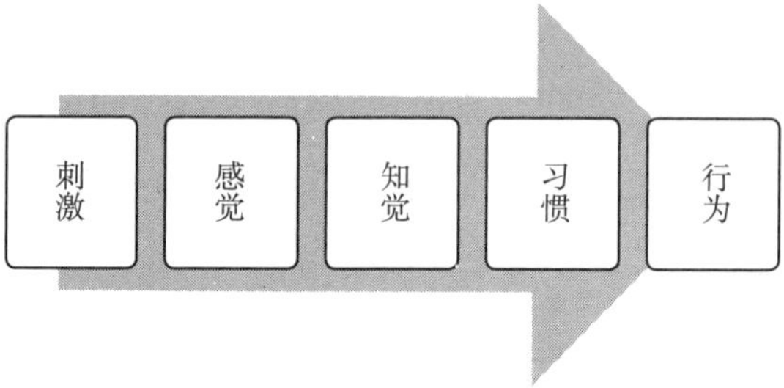

图 2-12　心理快捷方式

了心理运行效率，增强了人的适应能力，有着重大的现实意义。

凡事总有两面性，心理快捷方式只适用在一些熟知的、简单的、重复的事件上。比如，流水线上的工人，培养他们正确的操作习惯，可以提高工作效率，但是针对变化的事物，就很容易出现错误，这个与快捷方式的特点有关。

第一，快捷方式是感性认识，通常只看事物表象，而不研究事物本质，对事物看不清、看不透，认知上容易犯错。心理学中的“晕轮效应”就是这个原理。

第二，快捷方式最省力、最轻松，很稳定。人频繁使用它会进一步强化并形成稳固的习惯，但要改变它，则需要费大力气，也需要持续很长时间。因为物理学已阐明，物体运动均有惯性，通常沿着原有运动状态运动，这样最省力；如果要改变运动状态，需要外力做功，习惯的改变会令人觉得费力；同时，要想改变习惯，先要停止旧习惯，然后培养新习惯，停止旧习惯需要时间，培养新习惯也需要时间。因此，人容易躲在舒适区里，固守旧模式，不愿意改变。

好的快捷方式可以让人受益终生，不良的快捷方式也可以让人痛苦一辈子。因此，我们要通过理性认知，获得一些理性的行为模式，并通过好恶、习惯、情感将其模式化，建立一批良好习惯的快捷方式。同时要有耐心，通过慢慢修炼，把一些不良习惯的快捷方式不断优化掉。

四、三大心理数据库和它们之间的转换关系

人脑有记忆功能，它记忆的不是实物，而是大家熟知的信息和数据，那么这些数据信息存放在哪里呢？它们之间存在何种联系呢？这种问题我们很难搞清楚，但对我们熟知的电脑则很容易理解，因此我们借助电脑结构功能，来类比分析大脑数据运行功能。

（一）三大心理数据库

电脑的重要组成部分包括硬件、软件和数据，并有对应的出厂设置盘、系统盘和硬盘三个数据库。而人的心理的重要组成部分包括大脑、思维模式、信息，仔细观察，我们会发现大脑相当于电脑的硬件，思维模式相当于电脑的软件，信息相当于电脑的数据。电脑具备三个数据库，那人脑是否也具备相对应的数据库呢？答案是肯定的，人脑也有三个“数据库”。

1. 知识信息库

我们在日常生活中，会随时随地接触各种信息和体验，这些信息数据存放在大脑的某个记忆区域，我们给它命名为“知识信息库”。它的容量最小，信息不稳定，对心理的直接影响相对较小，相当于电脑的硬盘。

2. 信念习惯库

人出生后，在生活中会形成一套信念、习惯，这些数据信息储存在大脑的某个区域，我们给它命名为“信念习惯库”。它的容量较大，使用最频繁，相对稳定，对心理影响较大，决定着人的情绪、言行表达，相当于电脑的系统盘。

3. 思想性格库

人刚出生时，会带有家族、种族的信息，这些数据信息储存在大脑的某些区域，我们给它命名为“思想性格库”。它的容量最大、最稳定、最基础，决定着心理数据库的资料形成，相当于电脑的出厂设置盘。

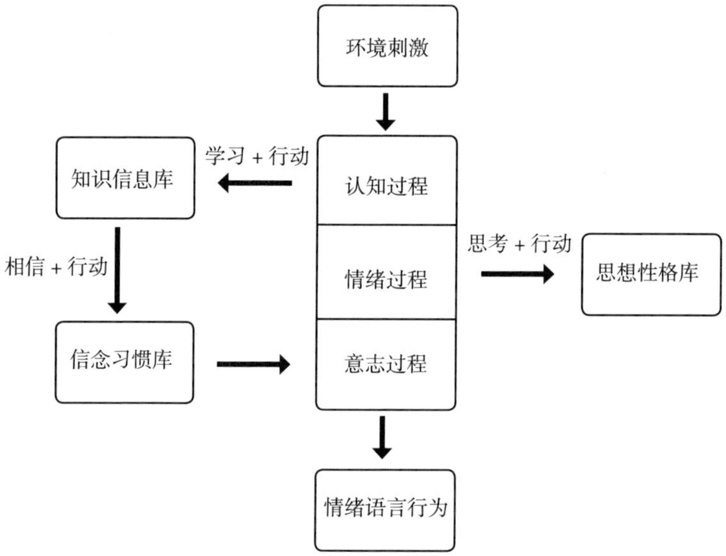

图 2-13　三大心理数据库和它们之间的转换关系

（二）三个“数据库”之间的转换关系

当接受外部刺激后，我们收到的信息会在三个“数据库”之间以某种方式流动。下面从认知、情绪和意志的角度，来理解信息是如何流动的。

1. 学习加行动，信息进入知识信息库

当外部环境刺激“六感”后，认知过程会对刺激进行感知和理性思维，会把通过感知获得的信息转化为对自己有用的知识，然后储存在知识信息库里；情绪过程把环境刺激引起的情绪储存在知识信息库里；意志过程则把环境刺激引起的亲身体验储存在知识信息库里。这一切的发生，是通过“学习 + 行动”完成的，这是“化知为识”的过程。

2. 相信加行动，知识信息进入信念习惯库

心理过程将自己认知、情绪、意志的初级信息，以知识、情绪、体验的形式储存在知识信息库，然后经过思维、情感、意志过程后，会对初级的信息采取相信的态度，并付诸行动，使原有的知识上升为信念，情绪上升为情感，体验上升为习惯，并储存到信念习惯库，这是“转识成智”的过程。

3. 思考加行动，信念习惯进入思想性格库

储存在信念习惯库里的信念、情感、习惯，经过人长期的深入思考和实践体验，会产生质的升华。认知过程会将对自己特别有用的信息以思想的形式最终定型，从而坚信不疑；情绪过程则将多次的情感感受上升为一种信仰，坚不可摧；意志过程则将多次的习惯升级为更加认同的性格，坚如磐石。这就是“化智为慧”的过程。

信息基本上是按照上述运动方式在三者之间流动的，反过来，信息一旦进入思想性格库，就会对信念习惯库和知识信息库产生重大的影响和制约。每个库都会对其他库产生影响和制约，彼此关联，相互制约，从而形成完整的信息数据库系统。

五、三大情绪层次

心理运行的时候，通常不是朝着客观理性的方向运行，而是习惯性地朝着自己喜欢的方向运行，这种由主观引起的偏向，实际是潜藏在人们内心中的一种情绪和倾向，是比较稳定的心理特征。这种心理特征主要表现为情绪、情感和生活方式逐渐递进的

三大层次。幸福的本质就是情绪体验，因此我们用较大篇幅来探讨情绪的相关内容。

（一）情绪

情绪是指人对事物满足 / 不满足需求时产生的心理体验，这种体验是人对客观事物的态度的一种反映。情绪具有肯定和否定的性质。能满足人的需要的事物会引起人的肯定性质的体验，如快乐、满意等；不能满足人的需要的事物会引起人的否定性质的体验，如愤怒、憎恨、哀怨等；与需要无关的事物，会使人产生无所谓的情绪。

1. 情绪功能

情绪是人对外部环境的正常反应，适度的情绪表达有益于个体的身心健康，但是过激的情绪表达可能会影响身心健康，甚至破坏人际关系，从而不利于个体对环境的适应。情绪可以帮助个体适应环境，它有以下几种功能：

（1）消费功能：正面情绪体验让人放松舒适，负面情绪体验让人紧张难受，不管你喜不喜欢，它都客观地存在着，影响着我们的生活质量。比如，我们努力工作的目的是赚更多的钱，赚钱的目的是让生活过得更好点，过得更好点的目的就是享受更多的快乐幸福，享受快乐幸福就是让我们消费正面情绪带来的美好体验。因此，情绪的消费功能是重要的功能。我们平时讲的消费其实都是间接消费，这些消费的目的都是让人获得更多正面的情绪消费。

（2）信号功能：情绪的信号功能表现在个体将自己的愿望、要求、观点、态度通过情感表达的方式传递给别人以影响他们。它是非言语沟通的重要组成部分，在人际沟通中具有信号意义。

（3）组织功能：情绪作为脑内的一个检测系统，对其他心理活动具有组织的作用。这种作用表现为积极情绪的协调促进作用和消极情绪的破坏瓦解作用。

（4）动机功能：又称情绪的调节功能，指情绪对人的活动起发动、促进和调控的作用。适度的情绪兴奋，可以使身心处于活动的最佳状态，进而推动人们有效地完成任务。

（5）感染功能：是由他人情绪引起的并与他人情绪相匹配的情绪体验，是一种情绪传递的过程。通常是指被感染者模仿或同步他人的面部表情、声音、手势和动作的倾向结果，这使得模仿者体验到了被模仿者的情绪。

（6）迁移功能：是指一个人对他人的情感会迁移到与他人有关的对象上。比如，一个人爱上了一个女孩，他也会逐渐喜欢上她喜欢的人、事、物。

2. 情绪类别

按照情绪发生的速度、强度和持续时间，可将情绪分为心境、激情和应激三种。

（1）心境：是一种微弱的、平静的、持久的情绪状态，也叫心情。心境有弥散性和长期性两个特点。

（2）激情：是一种爆发强烈而持续时间短暂的情绪状态，多带有特定的指向性和较明显的外部行为。

（3）应激：是出乎意料的紧迫情况所引起的急速而高度紧张的情绪。

按照情绪的产生机理和表现形式，可以分为喜、怒、忧、思、悲、恐、惊七情。

（二）情感

情感是在生活现象与人心的相互作用下，产生的一种比较稳定的、持久的感受，它是人对客观现实的一种特殊反映形式，是人对于客观事物是否符合人的需要而产生的态度体验。

1. 情感的种类

情感包括道德感和价值感两个方面，根据弗洛伊德人格结构理论分析，情感属于超我和自我的范畴，而本我没有情感可言。在超我范畴属于道德感，主要表现为爱情、幸福、仇恨、厌恶等；在自我范畴属于价值感，主要表现为美感、成就感、实现感等。

2. 情感的特征

情感具有以下四个基本特征：

（1）倾向性。情感的倾向性是指情感指向什么和为什么会引起，它和世界观、人生观有着密切的联系，也和人生态度有关。

（2）深刻性。情感的深刻性是指情感涉及有关事物的本质程度。能深入地渗透到生活各个方面的情感就是深刻的情感。

（3）稳固性。情感的稳固性是指情感的稳固程度和变化情况。情感的稳固性是主观世界稳固性的具体表现。

（4）效果性。情感的效果性是指情感在其实践活动中发生作用的程度。对于情感的效果性高的人，任何情感都会成为鼓舞其采取实际行动的动力。

（三）生活方式

狭义的生活方式是指个人及其家庭的日常生活的活动方式，包括衣、食、住、行以及闲暇时间的利用等。广义的生活方式是指人们一切生活活动的典型方式和特征的总和，包括劳动生活、消费生活和精神生活等活动方式。

生活方式是人社会化的一项重要内容，决定了个体社会化的性质、水平和方向。由一个人的思想意识与心理结构的综合作用形成，并影响着一个人的行为方式和对社会的态度，反映了一个人的价值观，属于一种理性的情感。

（四）三者关系

1. 情绪、情感和生活方式的区别

我们一直将情绪、情感和生活方式作为一个统一的心理过程来讨论，但从它们产生的基础和特征表现上来看，三者有所区别。

第一，从时间维度看，情绪出现较早，多与人的生理性需要相联系；情感出现较晚，多与人的社会性需要相联系；生活方式出现更晚，多与人的理性需要相联系。情绪是人和动物共有的，但只有人才会有情感和生活方式。

第二，从影响广度看，情绪具有情境性和暂时性；情感则具有深刻性和稳定性；生活方式除了具有深刻性和稳定性外，还有广泛性。

第三，从表现形式看，情绪具有冲动性和明显的外部表现；情感比较平静和内隐；生活方式则更加从容淡定和内隐。

2. 情绪、情感和生活方式的联系

情绪、情感和生活方式虽然不尽相同，但却是不可分割的。因此，人们时常把情绪和情感通用，统称为"感情"。一般来说，情感是在多次情绪体验的基础上形成的，并通过情绪表现出来；反过来，情绪的表现和变化又受已形成的情感的制约；情绪是情感的基础和外部表现，情感是情绪的深化和本质内容；生活方式是一种理性的情感，在多次同类情绪、情感体验的基础上形成，其具体表现为对生活中的各类事件的相同态度和情绪。情感是情绪的高层次，生活方式是情感的高层次。三者之间是相互影响、相互促进、辩证统一的关系。

情绪、情感和生活方式与幸福密切相关，它们之间的相互作用及其变化规律，决定了幸福的变化规律，是幸福研究的重要理论基础。

六、三大个性特征

个性心理特征是指由多种心理特点独特地结合，个体经常、稳定地表现出来的心理特征。它比较集中地反映了人的心理面貌的独特性、个别性，主要包括气质、能力、性格三大特征。

（一）气质

气质决定着人在进行心理活动时，在强度、速度、稳定度、灵活度等动态性质方面的独特结合的个体差异性。气质类型不分好坏，它是人格魅力的重要组成部分。气质分多血质、黏液质、胆汁质、抑郁质四种类型。

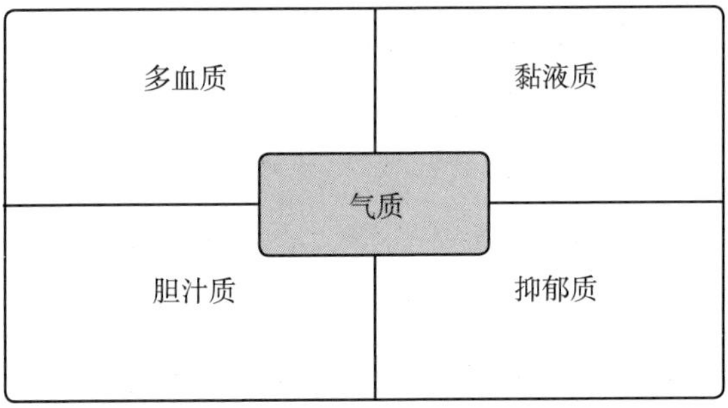

图 2-14　气质类型

1. 多血质

特点：外向，情绪稳定。多血质的人就像敏捷的豹子，属于灵活好动的类型。多血质的人兴趣广泛，喜欢张罗事、撑场面。圈子里的活动组织者往往就是多血质的人，有他们在就不会冷场。《三国演义》里的曹操就是典型的多血质。

2. 黏液质

特点：内向，情绪稳定。黏液质的人像勤劳的蜜蜂，缄默、沉稳、勤奋踏实、做事不紧不慢，但又能保质保量地完成任务，且严格恪守生活秩序和工作制度，不容易分心。由于善于克制忍让，他们往往是圈子里矛盾的“调停者”，是朋友们的“知心大姐”，是“老好人”。《西游记》中的沙僧就是典型的黏液质。

3. 胆汁质

特点：外向，情绪不稳定。胆汁质的人就像冲动的狮子，属于兴奋热烈的类型。他们多数是急性子，情绪易激动，脾气容易“一点就着”。他们是天生的演员和演说家，表情、姿态、言语都极富感染力和表现力。他们有十足的干劲，但不太善于做计划，善变，以至于经常放弃。胆汁质的人容易动感情，受到挫折时心境变化剧烈。《水浒传》中的李逵就是例子。

4. 抑郁质

特点：内向，情绪不稳定。抑郁质的人就像敏感的小猫，敏锐而羞涩、行为孤僻、表情腼腆、不太合群、不爱抛头露面、为人随和、办事稳妥可靠、善于洞察世事。抑郁质的人容易动感情，受挫后会心神不安、茶饭不思，弄得自己很累，甚至拿别人的错误惩罚自己。《红楼梦》中的林黛玉就是典型代表。

（二）能力

能力代表着人在完成某种活动时的潜在可能性上的特征，是达成一个目标或者完成一项任务所体现出来的综合素质。按心理过程分类，它主要包括认知能力、情绪能力、意志能力三大类。它主要是心理活动在某个阶段能否顺利完成和高效完成的指标。

1. 认知能力

认知能力，亦称“认识能力”，指学习、研究、理解、概括、分析的能力。衡量认知能力的指标叫“智商”。从信息加工观点来看，即接受、加工、贮存和应用信息的能力。认知能力是人们成功地完成活动最重要的心理条件。知觉、记忆、注意、思维和想象的能力都被认为是认知能力，即人们对事物的构成、性能、与他物关系、发展动力、发展方向以及基本规律的把握能力。

2. 情绪能力

情绪能力是指对自己或他人情绪的觉察、调控、激励和影响等能力。衡量情绪能力的指标叫“情商”。主要包括以下五项具体内容：①正确评估自己的能力；②控制自己情绪的能力；③激励自己的能力；④了解他人情绪的能力；⑤善于处理人际关系的能力。

管理情绪的能力是情商的核心内容。能够适当地管理自己的情绪是心理健康水平较高的表现。一个人的情绪特点受到很多先天生理因素的影响，而管理自己情绪的能力是可以后天培养的。

3. 意志能力

意志能力是指人们为达到既定目的而自觉努力的程度或坚强的意志品质。衡量意志能力的指标叫“意商”。意志品质是一个人在生活中形成的比较稳定的意志特征，是个性的重要组成部分。人的意志力不是与生俱来的，而是在社会实践活动中逐渐培养锻炼出来的。

意志能力包含决策力和执行力。当一个人能够在某一事件中表现出极大的决心与力量时，就会被认为拥有很强的决策力；当一个人能够在某一件事情的行动上表现出执行力度和持续度时，就会被认为拥有很强的执行力。

（三）性格

性格是一个人对现实的稳定态度，是与这种态度相应的、习惯化的行为方式中表现出来的人格特征。性格一经形成便比较稳定，但是并非一成不变，而是可塑的。从组成性格的各个方面来分析，可以把性格分解为态度特征、意志特征、情绪特征和理智特征四个组成成分。

性格的态度特征主要是指一个人如何处理社会各方面的关系的性格特征，即对社会、对集体、对工作、对劳动、对他人以及对待自己的态度的特征。

性格的意志特征是指一个人对自己的行为自觉地进行调节的特征。

性格的情绪特征是指一个人的情绪对他的活动的影响，以及他对自己情绪的控制能力。

性格的理智特征是指一个人在认知活动中的性格特征。

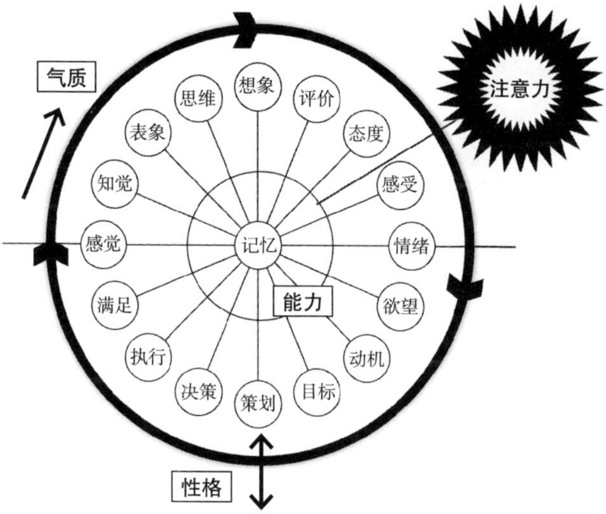

图 2–15　三大个性特征

如图 2–15 所示，大圆圈代表认知、情绪、意志三大心理过程，气质体现在这个心理过程上，反映人的心理运行强度、速度、稳定度和平衡度的心理特征，主要体现了人格的生物属性。十八个小圆代表十八个心理步骤，反映出人的认知、情绪和意志中各个节点的能力，体现了人格的心理属性。通常，大圆并不是规则的，有的会向外扩，有的会向内缩，还有的部分外扩、部分内缩，但其运行相对稳定，这就是性格。它反映在一个人稳定的评价态度和行为模式上，体现了人格的社会属性。气质、能力和性格三者之间相互制约、相互影响，它们共同构成了完整的个性心理特征，也就是人格。

七、两大心理机制

人的大脑里同时存在两种机制：奖赏机制和防御机制，两种机制扮演着类似汽车油门和刹车的功能，一起协调人的心理状态，使之正常运行。幸福与这两种机制息息相关，认识和学习这两种大脑机制很重要。

（一）奖赏机制

大脑的奖赏机制就是我们所说的奖赏效应。在心理学中，当人做出某一决策后被证实正确并产生了好的结果时，大脑会向负责决策的区域发送“奖赏”信号，这会促进人的认知能力获得进一步提升，从而形成良性循环，这被称作奖赏效应。

科学家发现，人脑中会分泌多种让人感到快乐、安全和成就感的物质，这些物质统称为快乐素。其中的杰出代表有“四大金刚”：产生愉悦感的多巴胺，带来激情的去甲肾上腺素，负责取乐和镇痛的内啡肽，协助我们战胜困难的催产素。

通常情况下，快乐素的释放水平很低，只够维持我们心情平静。只有当我们完成了预设目标时，大脑才会增加快乐素的分泌作为奖励，让人感受到满足和成功的喜悦。所以，如果想获得奖励，首先要有预设目标，没有预设目标，即使你做了，也没有什么感觉。每天重温大目标，重新设定小目标非常关键。然后选择一个小目标，限定好时间并专注地去完成，当任务完成的时候，大脑就会给我们奖赏。这就是所谓的大脑的奖赏机制。

多巴胺是一种与愉快和兴奋情绪有关的神经递质，人在高兴时奖赏通路上的神经元就会发出较多的兴奋性冲动，并释放一定量的多巴胺。多巴胺系统是大脑的“奖赏中心”。

（二）防御机制

心理防御机制是指个体面临挫折或冲突的紧张情境时，在其内部心理活动中具有自觉或不自觉地摆脱烦恼、减轻内心不安，以恢复心理平衡与稳定的一种适应性倾向。

心理防御机制的种类有很多，现实生活中较为常见且较有定论的防御机制主要有十种。

1. 压抑，就是把那些不能被意识所接受的冲动、观念或回忆、情感等压抑到潜意识中去。这是一种不自觉的主动遗忘和抑制，是最古老和最危险的防御机制之一，也是使用其他防御措施的先决条件。

2. 否认，有意或无意地拒绝承认那些不愉快的现实，假装事情根本就没有发生，以此减少心灵上的痛苦。

3. 幻想，指一个人遇到现实困难时，因为无力处理这些实际问题，就利用幻想的方法，任意想象应如何处理心理上的困难，以达到内心的满足。

4. 置换，又称转移，指对某一对象的情感，因某种原因无法向其直接表现时，就转移到其他较安全或易被大家所接受的对象身上，使自己的情感得到宣泄，使心理得到平衡。“迁怒”就是这个机制。

5. 合理化，指个人遭受挫折或无法达到所追求的目标，以及行为表现不符合社会规范时，给自己找一些有利的理由来解释。虽然这些理由常常是不正确的，在第三者看来是不客观或不合逻辑的，但本人却坚持用这些理由去说服自己，用一种能为自己所接受的理由来替代真实的理由，以避免精神上的苦恼。

6. 投射，一般是指将自己不喜欢或不能接受的性格、态度、意念等，投射到别人身上或外部世界去，从而断言别人是这样的，以免除自责的痛苦。

7. 代偿，也叫补偿，是指个体利用某种方法来弥补其生理或心理上的缺陷，从而掩盖自己的自卑感和不安全感。

8. 升华，是把被压抑的不符合社会规范的原始冲动或欲望，用符合社会要求的、建设性的、高尚的行为方式表达出来。

9. 幽默，是一种积极的精神防御机制形式，是较高级的适应方法之一。当一个人遇到挫折时，可以用幽默来化解困境，以维持自己的心理平稳。

10. 利他，有人认为利他主义也是一种投射作用。人们通过采取某种行动，一方面满足了自己的需要，另一方面又帮助了别人。

奖赏机制和防御机制，是人类在生存发展中，通过人与自然、社会的互动关系，逐渐形成的后天保护机制和激励机制，对个体或集体的生存发展起到了至关重要的调节作用。将其应用在幸福管理上，我们可以创造出合适的方法或技巧，对当事人进行奖惩引导，从而达成理想的目的。

奖赏机制和防御机制这两种不同方向的机制，一个用于推动人努力追求，另一个保护身心、避免其受损，两个机制自动协调地起着推动和保护作用，有利于人的生存和发展。

第三章　幸福本质及规律发现

为了让大家有一个宏观的、系统的、全面的了解，我们从哲学回顾到科学探寻，现在终于涉及核心问题：幸福到底是什么？这是所有幸福研究者都需要研究透彻的问题。毫不夸张地说，如果没有搞清楚这个最核心的问题，所有关于幸福研究的探讨，都是隔靴搔痒。

纵观古今中外的幸福定义和看法，总体来说，要么过于笼统、宽泛；要么过于详细、狭窄。比如，“幸福是人的精神对自我进行觉知时的满意状态。”（《启蒙文》）“幸福就是使人心情舒畅的境遇和生活。”此类定义显得笼统而宽泛，不够具体。又如，“幸福就是追求感官的快乐，避免感官的痛苦。”这种观点又过于详细、狭窄，不够完整。我们需要一个可以涵括各类幸福现象，又能够比较具体地告知幸福关键元素的定义。

经过深入研究，结合精神分析的人格结构理论，我们提出了“三感统一”的幸福观念，指出了幸福的本质。一个人是否获得了真正的幸福，只要用“三感统一”的幸福观念来检查自己的状态，就可以知道答案，而且会非常清楚地知道自己哪方面做得好，哪方面还需要改进。当我们以“三感统一”的幸福观念去比对其他各类幸福定义时，就可以发现这些定义是否完整，它是侧重哪一方面，或者是漏掉了哪一方面。

与此同时，为了让“三感统一”的幸福观念得到进一步完善，我们提出了“幸福感情三重境界”“幸福因子”等观点，这些观点都是非常具体而系统的创见。我们将看似抽象、模糊而难以界定的幸福内涵，通过生理、心理、社会三个维度和九个因子，非常具体地揭示出来。

大多数研究者忽略了一个重要前提，即幸福是关于人的幸福，而人的幸福是生理、心理、社会相互协调的和谐状态，单从任何一个方面提出幸福定义都必然是偏颇的，只有涵括身体、心理、社会三个维度的提法，才能揭示幸福的本质。

“三感统一”的幸福观念，是从静态的角度揭示了幸福的本质，那么，从动态的角度看，幸福形成有什么规律呢？为了寻找答案，我们跳出了传统的研究视角，没有从心理学角度探寻幸福规律，而是借用经济学“供求关系理论”，提出了“幸福方程式”，将幸福的运动状态以非常简单、直观的方式揭示出来。“幸福方程式”看似简单，但其背后蕴藏的规律非常深刻，它将幸福的主体——“需求方”和客体——“供给方”连接起来，同时阐述了两者的运动过程以及结果，是一个具体而细微的动态循环系统，为我们理解幸福、把握幸福指明了方向。

沿着“幸福方程式”，我们一路前行，先后发现了“幸福反应区”“幸福驱动力”“幸福升降梯”“幸福效应群”等系列规律。可见，幸福不只是一棵硕果累累的果树，还是一片丰饶的果园。

第一节　幸福本质

2012 年，中央电视台推出了《走基层 · 百姓心声》特别调查节目“幸福是什么？”记者们分赴各地采访了几千名各行各业的工作者，提出的都是相同的问题：“你幸福吗？幸福是什么呢？”但简单的问题收获的答案却千奇百怪。看到各种各样的回答，我们才知道大家对自认为非常熟悉的话题实际上是多么陌生。

近几年，幸福话题逐渐受关注起来，很多人在互联网上发表了对幸福的感悟。主要有两大类，第一类：健康是福、平安是福、团圆是福等；第二类：幸福是一种心态，幸福是一种感悟，幸福是一种能力等。这几年我在多处分享幸福心得时，不管听众文化程度高低，他们都有一个共同的回应：每个人的幸福是不一样的，怎么可能有共同的幸福规律呢？

基于以上原因，深入研究幸福是什么和幸福形成的规律有其重要性和必要性。

一、中国传统的幸福认知

中国传统对幸福的认知，可以从儒、释、道等多个学派来阐述，但纵观中国历史，各学派既有各自特点，又互相融合，它们对幸福的理解形成了一个普遍性的认知。

（一）对中国传统幸福的理解

“幸福”这两个字的本义是什么呢？先看“幸”字，根据

《小尔雅》记载：非分而得谓之幸，即“幸运”的意思。再看“福”字，根据《说文》记载：福，佑也，即“赐福、保佑”的意思；韩非子认为“全寿富贵谓之福”。综合“幸福”两个字的意义，可以理解中国传统中所讲的幸福，就是“幸运得到的福祉”。

（二）五福临门的内容

福祉到底有哪些呢？据《尚书·洪范》记载，“五福”：“一曰寿，二曰富，三曰康宁，四曰攸好德，五曰考终命。”这就是大家所熟知的“五福临门”所说的“五福”。“寿”是指命不夭折而且福寿绵长；“富”是指钱财富足而且地位尊贵；“康宁”是指身体健康而且心灵安宁；“攸好德”是指生性仁善而且宽厚宁静；“考终命”是指临命终时没有遭到横祸。

五福合起来才能构成幸福美满的人生，如果有所缺失就不太好了。比如，有的人长命百岁而贫贱度日，有的人富贵而短命，有的人富贵而健康情况不佳，有的人为贫贱而烦恼，有的人虽然富贵但十分操心，有的人贫贱而善终，有的人富贵长命最后却遭横祸不得好死。只有五福全部临门才是十全十美的，其余的各种情况都是美中不足，是有缺陷的。

五福之中，寿居首位，是五福的基础，所谓“五福寿为先”，并有“五福捧寿”之说。“好德”是非常重要的福，有着生性仁善、宽厚宁静的德，是最好的福相。因为德是福的原因和根本，福是德的结果和表现，以此敦厚纯洁的“好德”，随时布施行善，广积阴德，才可以培植其他四福，使之不断增长。

五福是人们孜孜以求、极其向往的人生大目标。后来民间为了表达获得福的愿望，分别用神仙、天官或吉祥符号来表示。比如，用福神、禄神、寿神、喜神、财神五位天官来代表五福。

福神，即历代民俗年画中出现的“天官赐福”。“天官”被称为福神，又叫福星、福判，典型形象为吏部天官模样，一身朝官装束，红色袍服，龙绣玉带，手执大如意，足蹬朝靴，慈眉善目，五绺长髯，一派和颜悦色、雍容华贵的气象。

禄神，意指官职禄位。禄神做员外打扮，头上插戴牡丹花，怀抱婴儿。庙院塑像中，禄星很少单独出现。又因禄神常怀抱一小儿，或膝下有一童子，有人又称其为送子神仙。

寿神，最突出的形象是光顶大脑门，其身量不高，弯背弓腰，一手持着龙头拐杖，一手托着仙桃，慈眉善目，笑逐颜开，白须飘逸，长过腰际，模样怪异而逗人发笑。这就是吉祥长寿的长者，人们称之为寿星，又叫南极先人、南极仙翁。

喜神，就是人们所祈求的吉神，就是根据四柱八字，推算对人有利的人、事、物和方位等的神，他能满足人们喜庆的需要，更受世俗婚姻的欢迎。

财神，画像为文官打扮，头戴宰相纱帽，五绺长须，手捧如意，身穿蟒袍，足蹬元宝，形似天官，但其面目严肃，脸庞清瘦，令人敬仰。向往和追求美满富裕的生活，崇奉财神，希冀财神保佑自己发财，已成为人们的普遍心理，千百年来都是如此。

除了福、禄、寿、喜、财这五个“天官”图案外，在代表五福的图案中，还有谐音阐义的吉祥符号和图形，如蝙蝠、佛手、云纹等。

（三）五福临门的变化

随着时代的变化，五福临门在不同的历史时期有着不同的内容。东汉以前主要为长寿、富贵、康宁、好德、善终。东汉时期由于避讳，桓谭于《新论》中把“考终命”更改为子孙众多。后逐步演化为“长寿、富贵、无病、多子多孙、善终”。到了清代，康熙帝为祖母孝庄太后“请福续寿”，写下了震铄古今的“长寿之福”，此福暗含“多子、多才、多田、多寿、多福”，是古今唯一的“五福合一”，被称为“天下第一福”。到了当今社会，又变为“五子登科”：车子、房子、票子、妻子、孩子。

我们将中国不同历史时期五福内容列表进行比对，如表 3-1 所示。

表 3-1　中国传统幸福标准演变过程表

时　期	传统幸福标准
东汉以前	长寿、富贵、康宁、好德、善终
东汉以后	长寿、富贵、无病、多子多孙、善终
明清时期	多福、多才、多子、多田、多寿
当今社会	车子、房子、票子、妻子、孩子

经过比对发现：

第一，不同历史时期幸福的内容是不同的，而且范围变得越来越窄，越来越物质化。

第二，纵观中国历史，无论是先秦、汉代和明清时期的“五福临门”，还是当代的“五子登科”，人们追求的幸福都是指“幸运得到的福祉”，是满足人类生存和发展需要的福祉，是人们美好生活的必需品，既包括物质层面的，也包括精神层面的，与当今广义的财富同义。

综上所述，中国传统认知中的幸福指的是幸运得到的福祉，是人们美好生活的必需品。因此，中国传统认知中的幸福实际上就是幸运得到的财富，与现代心理学所讲的幸福不是一回事。

二、西方现代的幸福认知

对于幸福的定义，擅长逻辑思维的西方人有着不同的看法。

有关幸福的概念可以归结为两种基本类型：快乐论与实现论。快乐论认为幸福由愉快与快乐构成；实现论则认为幸福不仅是快乐，而且是人的潜能实现，是人的本质的实现和显现。当然，对“幸福”的各种解读都各有其道理，下面我们重点谈谈现代心理学的定义，以及积极心理学之父塞利格曼和哈佛大学“最受欢迎的导师”泰勒 · 本 – 沙哈尔对幸福的认知。

（一）现代心理学的幸福定义

现代心理学对幸福的定义是：一个人的需求得到满足后产生长久的喜悦，并希望一直保持现状的心理情绪。其并不与快乐、满足、方便画等号。幸福可分为满足、快乐、投入、意义四个维度。

（二）积极心理学的幸福研究

积极心理学创始人之一的马丁 · 塞利格曼早期提出幸福的三个黄金要素：积极的情绪、投入和意义。积极情绪就是指我们的感受，如愉悦、狂喜、温暖、舒适等；投入与心流有关，指的是完全沉浸在一项吸引人的活动中，时间好像停止，自我意识消失；意义意味着归属于某些超越自身的东西，并为之奋斗。这就是塞利格曼教授的“幸福 1.0 理论”。“幸福 1.0 理论”侧重主观幸福感，立足于快乐论，注重人的感性，强调个体的幸福即快乐。

在大量实证研究和不断思考的基础上，塞利格曼又提出了“幸福 2.0 理论”，它包含五个元素，分别是：积极情绪、投入、意义、积极的人际关系、成就。这标志着幸福的研究由主观幸福向着心理幸福和社会幸福延伸。“幸福 2.0 理论”是多维的：积极情绪是一种主观的变量，由你的想法和感受决定。投入、意义、关系和成就则兼有主观和客观的成分，因为你可以自认为你拥有投入、意义、良好的关系和杰出的成就，但事实并非如此，甚至是自欺欺人的。这就使得“幸福 2.0 理论”不能只存在于你的脑袋里，因为它不仅包括良好的感觉，还包括你真实存在的意义、良好关系和成就。这样一来，我们人生中做出的各种选择，就都是为了尽量得到这五个元素。

“幸福 1.0 理论”和“幸福 2.0 理论”之间的这种区别有现实意义。“幸福 1.0 理论”认为，我们需要做出选择时，会估计行为能带来多少生活满意度，然后采取行动使未来的幸福最大化。幸福最大化是个人选择的最终共同目标，这是赤裸裸的一元论，正如我们选择用复合式的准则来指导生活，而非单一的幸福最大化一样。在“幸福 1.0 理论”中，衡量幸福的黄金标准是生活满意度，幸福的目标就是提高生活满意度。但在“幸福 2.0 理论”中，幸福的目标是多元的，衡量的黄金标准是人生的蓬勃程度。

（三）哈佛大学的幸福研究

哈佛大学最受欢迎的导师泰勒 · 本 – 沙哈尔认为，幸福是“快乐与意义的结合”。真正快乐的人，能够在自己觉得有意义的生活方式里享受它的点点滴滴。这种解释绝不仅限于生命里的某些时刻，而是人生的全过程。即使有时经历痛苦，人在总体上仍然可以是幸福的。

综上所述，幸福的研究已经越来越趋近于快乐与意义、享受与发展、主观与客观、个人与社会的统一，人们将幸福的视线从情绪转向意义，从个体转向社会，从以个体为中心转向关注个体对社会的贡献与融合，以及关注个体在社会领域中的社会关系和社会任务。西方现代心理学对于“幸福”的相关研究，为我们提供了崭新的视角，带来了重大启示。

三、“三感统一”的幸福观念

前面我们对中国传统的幸福认知进行了阐述，也对现代西方心理学的幸福认知进行了罗列，现在我们将它们列表进行比对分析，具体如表 3–2 所示。

表 3–2　中国传统幸福认知与现代心理学幸福定义属性比对表

观念 内容	传统幸福认知	现代心理学幸福定义
本质	幸运得到的福祉	正面情绪体验
内容	长寿、富贵、康宁、好德、善终	满意、开心、喜欢、喜爱
归属	他人的或自己的	自己的
关注点	外在事物	内心感受
目标性质	间接目标	终极目标

根据比对可知，中国传统幸福认知与现代心理学幸福定义是属于不同范畴的两个概念。传统幸福观念指的是幸运得到的福祉，相当于今天广义的财富；而现代心理学的幸福定义指的是内心愉悦的感受和正面的情绪体验，它们的本质、内容、归属、关注点、目标性质均不相同。

（一）中国传统幸福认知存在不足

中国传统幸福观念强调的是满足人需要的福祉，相当于当今广义的财富，是实现人生幸福的媒介和手段，是人生的间接目标。现实生活中很多人误把财富当幸福，误把获得财富当作人生的终极目标，而忽略了自己的心理感受，最终无法获得真正的幸福。获得财富是一件不容易的事，但获得财富并不等于获得了幸福，将财富智慧地、艺术地用于满足人的需求，人在需求获得充分满足后产生的幸福感，才是我们要追求的人生终极目标。

（二）现代西方幸福认知存在不足

1. 现代心理学定义存在不足

在现代心理学中，幸福的定义是指一个人的需求得到满足后产生长久的喜悦，并希望一直保持现状的心理情绪。该定义讲明了幸福的本质是心理情绪，这对我们区别中国传统文化对幸福的认知起了关键的作用，也为后面研究幸福奠定了坚实的理论基础。

但是该定义也存在不足，它没有讲明什么样的需求如何得到满足后才会产生长久的喜悦，导致很多人产生质疑。比如，我出身贫穷，小时候希望赚很多钱。经过数年的打拼，赚到了自己想要的金钱，从幸福定义看，我应该觉得很幸福才对，但是前些年的打拼使我几乎把身体搞垮了，平时因工作太忙也没有与朋友们联系，结果发现自己过得并不幸福。这到底是为什么呢？后来经过研究才发现，是因为只注重事业目标，而忽略了健康目标和情感目标，人生需求没有得到全面的满足所致。

2. 积极心理学的幸福定义存在不足

积极心理学放弃传统心理学只研究病人而不研究健康人心理的倾向，引导人们朝着积极幸福的方向努力，有着方向性的价值。他们提出的主观幸福感与我们后面将会提到的幸福感和幸福情不谋而合。不过根据理论内容我们可以看出，这是一套行为主义的心理学理论，研究幸福主要从人的情绪反应、行为、环境等层面进行，未能从心理、生理机制的角度对幸福进行全面的研究。五个元素从不同层面分析幸福，积极情绪属于情绪层面，投入属于行为层面，意义属于信念层面，积极的人际关系属于环境层面，成就属于环境层面，这五个元素之间存在着层面递进关系，属于纵向关系；但是没有研究其横向关系，没有在同一层面上进行归纳总结，比如信念层面，除了从“意义”角度评价以外，还可以从“价值”角度进行评价。因此，五个元素之间的逻辑不清晰、不严谨。

3. 哈佛大学的幸福定义存在不足

哈佛大学的幸福导师泰勒 · 本 – 沙哈尔认为，幸福是“快乐与意义的结合”。在这一点上，我们是完全认同的。

但是幸福的定义中快乐是指生理感觉和心理感受，而意义指的是对事物价值、情感的评判，与生理感觉、心理感受不属于同一层面，与心理学所讲的幸福的本质是心理情绪不吻合。

（三）“三感统一”的幸福观念

我们已对当今流行的几种主要的幸福定义进行了研究，吸收了各种幸福定义的精髓，也对其存在的不足有所发现，并在他们的基础上进行深入研究，提出了“三感统一”的幸福观念。

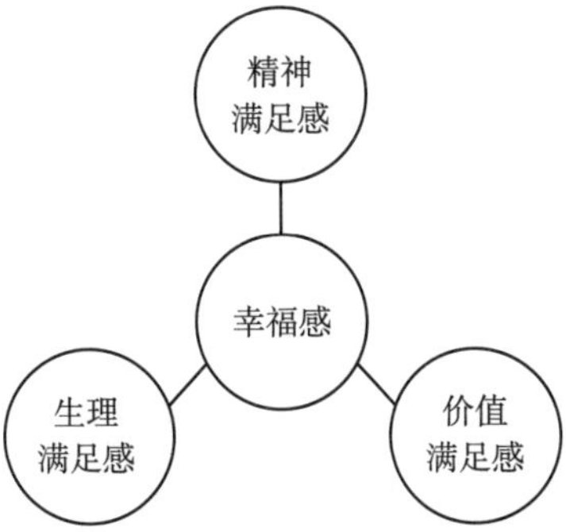

图 3–1　“三感统一”的幸福观念

现代心理学定义指明幸福的本质是心理情绪；表现为长久的喜悦，并希望持续；实现途径是指一个人的需求得到满足。我们吸收了对幸福的本质和现象的界定，但对其实现途径进行了深入的剖析。

人格结构理论已经阐述了每个人心里都有本我、自我、超我，而且“三个我”的性格特征各不一样，在需求得到满足后所呈现出的正面情绪也各不一样。

当本我的生理需求得到满足时，会对事物产生一种喜好的评价，同时身体会产生一种生理满足感，这属于身体层面的感觉，表现为“生理快感”，也就是人们常说的快乐中的“快感”。

当自我的价值需求得到满足时，会对事物产生一种有价值的评价，同时内心会产生一种价值满足感，这属于心理层面的感受，表现为“心理愉悦感”，也就是人们常说的快乐中的“乐受”。

当超我的精神需求得到满足时，会对事物产生一种有意义的评价，同时内心会产生一种精神满足感，这属于精神层面的感受，表现为“心理愉悦感”，也就是人们常说的快乐中的“乐受”。

由此可知，生理满足感是使人获得快感的前提，价值满足感和精神满足感是使人获得乐受的前提。“三个我”通常处于冲突的状态，导致身体、心理、精神产生的三种感觉或感受方向不统一，内心不和谐，让人的需求不能得到全面满足，不能获得持久的喜悦，无法产生幸福感。

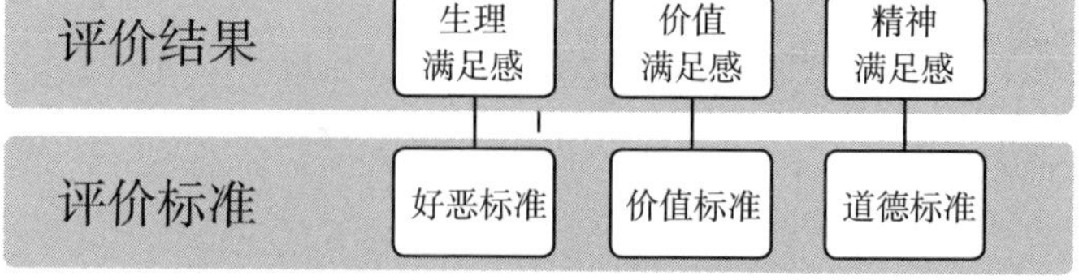

图 3–2　幸福感产生过程图

只有当“三个我”的需求同时得到满足，也就是生理满足感、价值满足感、精神满足感（以下简称“三感”）同时出现时，才能产生快感、乐受的和谐统一，也就是“快乐”。此时人的需求得到全面满足，内心充满着快乐和喜悦。当这种状态持续一定时间后，人开始不只是针对满足自己的人、事、物表示满意，而且开始对自己的生活表示满意，觉得自己是幸运的，幸福感便产生了，这就是我们提出的“三感统一”幸福观念。

我们将西方心理学中对幸福的定义与我们的“三感统一”幸福观念结合起来，给幸福下了一个新定义：幸福是人在生理、价值和精神三个层面的需求同时得到满足并且持续一定时间后，产生的生理满足感、价值满足感、精神满足感，当三感统一时出现的身心快乐，并形成的对自己生活状态满意的心理情绪或情感。

错误的认知必有错误的行为，有的人误把财富当幸福，一心追求财富而忽略了幸福感，导致有些人即使得到了财富也没有得到自己想要的幸福；有的人误把生理快感当幸福，导致过分追求物质享受；有的人误把成就当幸福，导致只顾未来而忽略当下感受……这些都是由于对幸福的片面理解而造成的结果。一旦认知错误，并且沿着错误的路线去努力，只会是南辕北辙。

因此，认清中国传统幸福认知与现代心理学幸福定义的局限性，正确、全面、系统地理解“三感统一”幸福观念的内涵，注重“三个我”的全面发展，是认识幸福、体验幸福、获得幸福的重要前提。

四、幸福感情三重境界

根据第二章三大情绪层次的分析，人的心理特征主要表现为情绪、情感、生活方式三个层次，而幸福的本质也是情绪，那么幸福也会呈现出三个层次，分别为幸福感、幸福情和幸福生活方式，我们将其统称为“幸福感情”。

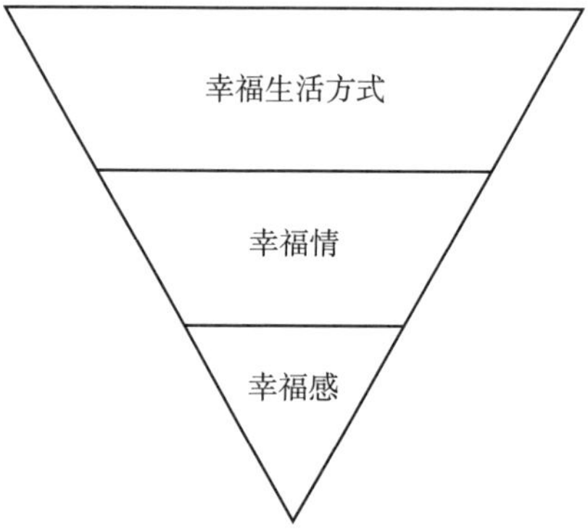

图 3-3　幸福三层次

（一）幸福感

幸福感产生于供给满足需求。当现实供给同时全面满足本我、超我、自我时，会产生生理满足感、价值满足感、精神满足感，当三感统一时便产生了身心快乐，并对自己的人生充满了满意的评价，此时幸福感便产生了。

生理满足感表达的意思是供给者的功能属性满足了本我的需求，让生理上获得了痛快的感觉，本我对供给者的生理功能属性表示满意；价值满足感表达的意思是供给者的价值属性满足了自我的需求，让心理上获得了价值满足的感受，自我对供给者的价值属性表示满意；精神满足感表达的意思是供给者的道德和意义属性满足了超我的需求，让精神上获得了愉悦的感受，超我对供给者的道德、情感属性表示满意。

三感都是对供给者的某方面属性表示满意的意思，从而产生了一种生理感觉和心理、精神的感受，其关注点是供给者的功能属性。当三感统一时，便升华为一种对人的态度。因为本我、超我、自我的需求同时得到了满足，此时此刻，人开始对努力获得这些供给者的功能属性表示满意，从而产生一种对自己生活满意的感受——幸福感。

由此可见，幸福感表达的是对自己当下生活状态的满意态度。其表达式是：幸福感＝对自己当下生活的满意态度。

幸福感是有条件的，它离不开供给满足需求这个条件，当条件消失时，幸福感便立即消失，因此幸福感是短暂的、易逝的。

（二）幸福情

幸福情是幸福感的长期累积，促使人对自己的生活充满着热爱，幸福感升华为一种相对稳定的情感。当一个人充满着幸福情的时候，对自己的评价积极正面，会呈现出自信、自爱、自尊的倾向，对自己的人生整体表示满意，也就是说即使局部需求得不到满足，也会呈现出包容、体谅的行为，依然认为自己的人生是幸福的。充满幸福情的人容易发现别人的优点，忽略其缺点，包容性强；容易吸引正能量，也会得到他人的帮助，其人际关系和谐，容易成功。

幸福情表达的是对自己整个人生状态的一种满意、热爱、追求的积极的人生态度。幸福情的表达式是：幸福情 = 对自己整个人生状态的满意态度。

幸福情是无条件的幸福，它已经不受供给满足需求条件的干扰，不论供给是否满足一些具体的需求，人依然充满着幸福感。幸福情是相对稳定的，是对自己整个人生的积极评价。

（三）幸福生活方式

幸福情是对自己整个人生充满着幸福感，而幸福生活方式是泛化的幸福情，即不仅对持续满足自己需求的人生表示满意，还会逐步将这份幸福情泛化到生活的各个方面，对身边的其他人、事、物也表示满意，这种幸福情将弥漫在社会生活中，迁移到生活的其他方面。

拥有幸福生活方式的人对生活充满着热爱，对社会充满着感恩，愿意不断地将自己奉献给社会。它的表达式是：幸福生活方式 = 对自己整个人生及对社会的满意态度。

幸福生活方式是无条件的幸福，它已经脱离供给满足需求这个条件，不论供给是否满足具体的需求，人依然充满着幸福感。幸福生活方式是非常稳固的、范围非常广泛的积极情感态度。

我们将幸福感、幸福情、幸福生活方式统称为幸福感情，它们之间存在着相应的递进关系。幸福感是基础，幸福情是幸福感的升华，幸福生活方式是幸福情的升华，三者共同构成了“幸福感情三重境界”。

第二节　幸福因子

一、幸福心理三因子

“幸福的人都是相似的，不幸的人各有各的不幸。”这是列夫·托尔斯泰的《安娜·卡列尼娜》中的名言，深受大家认同。为什么“幸福的人都是相似的”？这背后有没有共同的规律呢？经过深入的研究，我们发现，幸福的人的确有着三个共同的心理元素，分别是生理满足感、价值满足感、精神满足感这三种心理评价，我们将其称为“幸福心理三因子”。

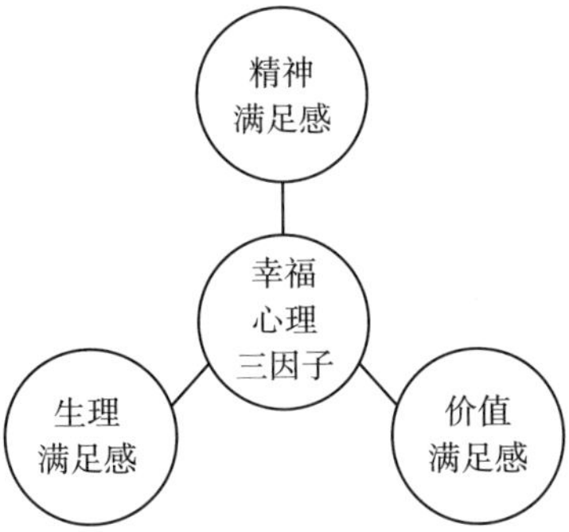

图 3-4　幸福心理三因子

（一）幸福心理三因子

1. 生理满足感

生理满足感主要是指人的生理需求得到满足后，产生的一种心理满足的评价，主要表现在人的生存需要，包括吃、喝、拉、撒、睡、性等方面。当人们获得生理满足感时，身体会放松，全身会有一种轻快的感觉，简称“快感”。它是人获得幸福的一种基础感觉，是幸福的一种基本元素。

2. 价值满足感

价值满足感主要是指人的自我价值需求得到满足后，产生的一种价值满足评价，主要表现为人的自我价值实现需要，包括目标达成、理想实现、超越自我等内容。当人们的价值需要得到满足时，心理上会对自己特别满意，从而产生一种内心愉悦的感受，简称“乐受”。它是人们获得幸福的一种核心心理感受，是幸福的核心元素。

3. 精神满足感

精神满足感主要是指人的精神需要得到满足后，产生的一种道德满足感，主要表现在人的社会需要，包括归属感、情感、尊重等内容上。当人们的精神需求得到满足后，心理上会觉得自己的存在有着重要的意义，会产生一种内心愉悦感，简称“乐受”。

生理满足感产生身体层面的快感，精神满足感和价值满足感共同产生心理层面的乐受，所以幸福的本质是在三感统一的基础上产生的身心快乐。

（二）从幸福感情看幸福心理三因子

1. 从幸福感看幸福心理三因子

根据三感统一幸福定义可知，幸福感形成的必要条件是生理满足感、价值满足感、精神满足感的三感统一，也就是说这三者缺一不可，如果其中有一个以上的因子不同向，就无法形成幸福感。

2. 从幸福情看幸福心理三因子

幸福情是一种情感，是持续体验幸福感的结果，上升为对自己的人生状态满意的一种积极稳定评价。不论供给是否满足需求，内心依然充满着幸福感。

幸福情形成于情绪，它不等于情绪，但还可以产生情绪。当一个人充满着幸福情时，他会对自己的人生充满着感恩、追求与热爱，他的眼里看到的都是满足自己需求的事件，觉得自己的人生很有价值，从而产生心理愉悦感；觉得自己的生命很有意义，从而也产生心理愉悦感。此时身心放松，舒适快乐，继而获得生理快感。

拥有幸福情的人已经不受供给满足需求条件的限制，生理快感、心理愉悦感属于情绪范畴，幸福情可以诱发以上两种情绪，从而形成幸福感。由于幸福情很稳定，因此它可以持续地诱发幸福感。

3. 从幸福生活方式看幸福心理三因子

幸福生活方式属于幸福情，是一种泛化的幸福情，它不只是对自己的人生表示满意，而且对自己身边的人、事、物都表示满意，感恩他们给自己带来了幸福生活，同时表现出热爱生活，愿意通过奉献自己的力量，为身边的人、事、物作出贡献的状态。

同样，幸福生活方式属于情感范畴，它不等于情绪，但是可以影响情绪。拥有幸福生活方式的人，会对自己的人生充满着感恩、追求与热爱，看到的都是满足自己需求的事件，觉得自己的人生很有价值，从而产生价值满足感；觉得自己的生命很有意义，从而产生精神满足感。价值满足感和精神满足感共同产生心理愉悦感，此时身心放松，引发生理快感，从而获得生理满足感。

此时无需依赖供给满足需求这个条件的支持，只要内心存在幸福生活方式，就可以在内心诱发生理满足感、价值满足感、精神满足感的产生，三感统一让人直接获得幸福感。

幸福定义指明，通过同时满足本我、超我、自我需求，产生生理满足感、精神满足感、价值满足感，这是从外部环境角度考虑，让人获得幸福的必要条件；又是通过对幸福情、幸福生活方式的剖析，从心理角度考虑，让人获得幸福的必经途径。总之，无论是从外部环境入手，还是从心理调节入手，我们会发现幸福心理三因子是实现幸福的必要条件。

二、幸福生理三因子

人们常常说幸福是感性的，它是看不见、摸不着、测不到的心理感受，果真如此吗？最新研究表明，人的情绪变化不仅是由心理因素引起的，还与生理因素有关。人体内一些化学物质的变化影响着人类的情绪，甚至对于某些化学物质，人类已经很容易测出它们的数量和轨迹，看来幸福并非空穴来风。

幸福是正面情绪体验，受化学物质影响。这类化学物质有很多种，但与幸福密切相关的有内啡肽、血清素、多巴胺三种，我们把它们称为“幸福生理三因子”。

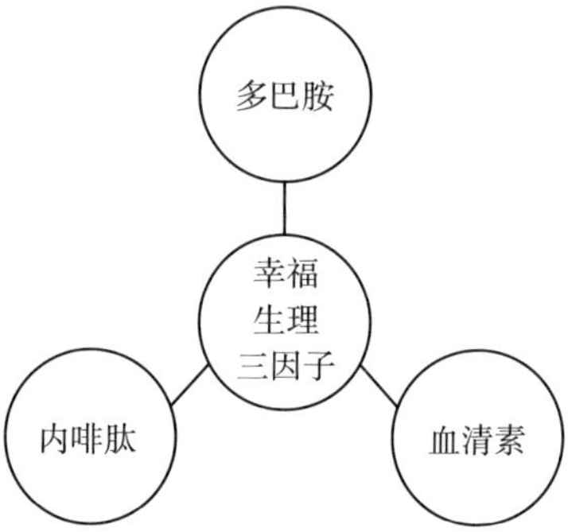

图 3–5　幸福生理三因子

（一）内啡肽

生理心理学表明，大脑有一种自动防御机制，当人受到环境刺激而造成心理严重失衡时，大脑会自动分泌一些物质来平衡心理的感受，防止身心受到损害。内啡肽就是这样一种物质，它是大脑分泌的一种神经递质，是一种释放到脑部的化学合成物激素。它的主要功能就是抵御痛苦，让人镇静，使人快乐。平时一般很少分泌，只在人的生理需求得到满足，或者遇到过度痛苦时才分泌出来。内啡肽是使人获得生理快感的激素，人们通常称它为“快感荷尔蒙”。

我们早上跑步时，刚开始的时候感觉很累，因为身体在消耗血液里的糖原，当血糖含量越来越低的时候，身体会越来越痛苦；然而大约跑了半小时或三公里的时候，很多人会感觉到没有刚开始跑时那样辛苦了，甚至越跑越舒服，原因是血糖下降会导致身体痛苦，为防止过度痛苦而造成身体伤害，大脑会补偿性地分泌内啡肽，它像吗啡一样具有止痛功能，使痛苦得到缓解。当分泌量够大时，还会产生生理快感，让人的身心变得愉悦。

除了在痛苦的前提下补偿性地分泌内啡肽外，大脑还能在满足需求时分泌内啡肽，从而让我们的身心保持轻松快乐的感觉。例如，当吃到美味时，我们会感到心情愉快，这种愉快的感觉就是在内啡肽的激发下产生的。它激发了心理学家所谓的"奖赏前路"。

大脑自然分泌的内啡肽，有与外源性阿片肽相同的作用，但它不会有外源性阿片肽的副作用，是天然的幸福生理因素。掌握内啡肽分泌的原因和途径，按规律促进内啡肽的分泌，对提高人的幸福指数有重要意义。那怎样才可以分泌内啡肽呢？

1. 饮食

吃辣椒时，辣味会在舌头上制造痛苦的感觉，为了平衡这种痛苦，人体会分泌内啡肽，消除舌头痛苦的同时，在人体内制造了类似于快乐的感觉，而我们会误认为这种感觉来自辣味本身，所以很多人喜欢辣味食物。其他美食也可以启动"奖赏前路"，分泌内啡肽，使人感觉快乐。

2. 运动

不是所有的运动都会分泌内啡肽，只有长时间、连续性的、中量至重量级的运动才会分泌内啡肽。因为只有运动到把血液里的糖原几乎用尽时，才会分泌内啡肽。中等偏上强度的运动形式多种多样，包括跑步、登山、游泳、骑单车、跳舞、打球等。从运动时间上讲，30 分钟以上的运动才能刺激内啡肽的分泌。

3. 静坐

冥想、静坐、瑜伽等修行，也会提高内啡肽的分泌量。有些人干脆把冥想、静坐、瑜伽等修行者叫作内啡肽体验者。因为这是一种锻炼方式。在这种锻炼方式中，内在的欣快感是他们的快感体验。

只要懂得内啡肽的作用和分泌原因，我们就掌握了获得幸福的钥匙之一。但切记要让大脑自然分泌，而不能通过外部直接摄入，这样很容易上瘾，并造成严重的后果。天下没有免费的午餐，内啡肽需要按照科学的方法自然分泌，而不能通过其他方式获取。

（二）血清素

血清素也被称为5-羟色胺，是体内产生的一种单胺类神经递质，主要功能是让人镇静，使人愉悦，是让人获得心理平静感和愉悦感的重要物质。它负责大脑前额叶与大脑边缘情绪中枢的信息传递，主要传递与理性相关的内容，比如传递价值满足的信息，从而让情绪中枢产生心理愉悦感。

血清素平时都有分泌，以维持人的情绪稳定。当它的分泌数量增多时，能够改善睡眠，减少急躁情绪，带给人更多快乐，是让人感受到快乐和幸福的一种重要的神经递质。当它的分泌数量减少时，人的情绪波动会变大，容易变得焦虑、抑郁甚至暴力。

造成血清素分泌减少的原因有很多，包括压力、缺乏睡眠、营养不良、饮食不佳、激素失衡、消化不好、感染、发炎、血糖失衡、吸烟、过量饮酒和缺乏锻炼等。当血清素降低到一定数量时，便会出现注意力集中困难等问题，甚至引起抑郁等更为严重的心理问题。

血清素会影响人的幸福指数，那么该如何保持大脑血清素的正常水平呢？

1. 饮食

研究指出，经常食用巧克力、梅子、茄子、西红柿、菠萝、胡桃等食物，可以增加血清素含量，提高大脑内的血清素浓度。而人体内血清素越多，就越快乐。应避免饮用含咖啡因的食物，尤其是能量饮料，因为咖啡因会抑制血清素分泌。

2. 运动

运动是非常有效的提升血清素的方法。运动可以促进色氨酸的提升，在运动结束后色氨酸还会不断增加，这说明在运动结束后的数小时内，情绪仍能不断高涨。当然，我们要以平时习惯的强度进行运动，而不是超出极限的运动。

3. 光照

光照有助于血清素的合成。研究表明，血清素合成与一天内阳光的照射度有紧密联系。人体解剖结果表明，夏季人体内的血清素含量要比冬季高。而且，暴露在白天自然的阳光下比在人造的 LED、荧光灯和紫外线灯照射下更能增加血清素的合成。

4. 减压

长时间的压力会减少血清素。严重的系统性压力会对身体产生并合成血清素的能力造成影响，这意味着我们应该尽量远离充满压力的环境，找到缓解压力的最佳方法。按摩疗法有助于减少压力荷尔蒙皮质醇，增加血清素。如果面临生活方式压力，可以试着练习瑜伽、冥想、深呼吸运动等来增加血清素。

（三）多巴胺

大脑除了防御机制外，还有一种奖赏机制，即当人的需求得到满足时，大脑会分泌一种化学物质给人奖励，让人变得愉悦，使人期待这样的事情再次发生，这种物质就是多巴胺。它是大脑中的一种神经传导物质，传递与情感、成就感等相关的重大成功信息，使人产生价值满足感和心理愉悦感。多巴胺是人的奖赏、激励和快乐的中心。

多巴胺平时不会分泌太多，而当我们经历新鲜、刺激或具有挑战性的事情而获得成功时，大脑中就会分泌大量的多巴胺。它不仅能左右人的行为，还参与情爱过程，激发人情感的产生。多巴胺跟满足感和愉悦感有关，对我们的身心健康有着至关重要的作用，是让人获得幸福的重要物质基础。通常情况下，可以通过以下几种方式增加多巴胺的分泌。

1. 饮食

多巴胺是机体合成的，食物中都不含多巴胺，食物中只含有多巴胺的前身物质——酪氨酸，酪氨酸也是一种氨基酸。富含氨基酸的食物有：山药、杏仁、鳄梨、香蕉、松软干酪、奶酪、葵花子、糙米、南瓜子、芝麻、花生和豆类等。多吃这类食物，有助于多巴胺的分泌。

2. 增加抗氧化成分的摄入量

多巴胺很容易被氧化，抗氧化剂可能会减轻自由基对分泌多巴胺的脑细胞的损伤。很多水果和蔬菜中都富含抗氧化成分，如富含 β 胡萝卜素和类胡萝卜素的绿黄蔬菜和水果，富含维生素 C 的辣椒、橙子、草莓、花椰菜、芽甘蓝，富含维生素 E 的坚果、葵花子、野菜、花椰菜、胡萝卜等。

3. 运动

运动会增加血液中的钙质，可以刺激大脑内多巴胺的分泌和吸收。长达 30 到 60 分钟的散步、游泳可以加速多巴胺的分泌。

4. 睡眠

人在睡眠状态时，大脑消耗很少量的多巴胺，这样第二天身体才有充足的多巴胺。

综上所述，大脑分泌的内啡肽、血清素、多巴胺与人的正面情绪密切相关。内啡肽主要让人产生生理快感，是在人的生理得到满足后，或者是人遇到重大痛苦后分泌出来的，分泌的数量多，产生的生理快感持续时间长；血清素使人平静，使人产生心理愉悦感，通常是人获得微小成功和满足后分泌的，分泌数量多，产生的心理愉悦感强度弱，持续时间长；多巴胺使人产生刺激感、满足感、心理愉悦感、情感等，是在人获得重大成功和满足后分泌的，分泌数量多，持续时间短，产生的心理愉悦感强度大，但不持久。它们分别从生理快感、心理愉悦感层面给人提供了获得幸福的物质基础。我们要想成为幸福的主人，必须搞清幸福生理三因子与幸福之间的规律，并掌握适当的方法，以保证我们在生活中持续地获得幸福。

三、幸福社会三因子

幸福不仅涉及生理层面、心理层面，还涉及社会层面。一个人要想获得幸福，离不开社会环境的影响。很多因素会直接影响个人的幸福指数，法律、伦理、道德是其中最关键的三个因素，我们把它们称为“幸福社会三因子”。

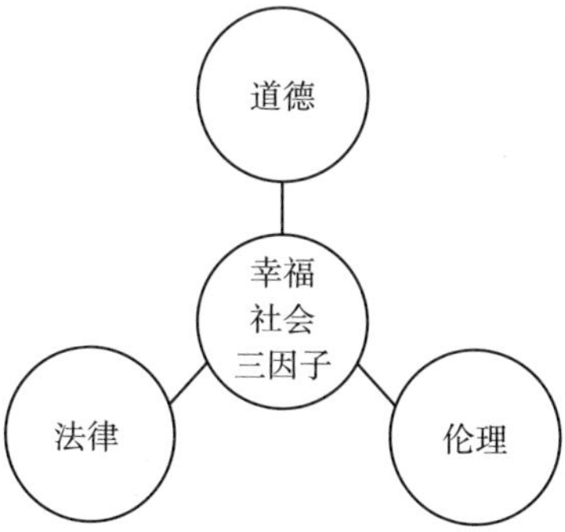

图 3–6　幸福社会三因子

（一）法律

法律是统治阶级为了实现统治并管理国家的目的，经过一定立法程序所颁布的一种特殊行为规范，用以规定当事人的权利和义务，由国家强制力保证实施，对全体社会成员具有普遍约束力，是统治阶级意志的体现。

人们在追求各自幸福的过程中，需要得到社会财富和自然财富的支持。但人的需求是永无止境的，而财富是有限的资源，这样必然出现需求与供给之间的矛盾，从而导致社会竞争，有竞争必有规则，否则会出现混乱现象。法律就是这个规则系统的底线，要求全体社会成员必须遵守，依靠国家强制力保障实施，违法者必遭到法律的制裁。

法律要求人们在其允许的范围内工作与生活，既保障公民在社会生活中应该享有的权利，又要求公民必须承担法定的义务。如果社会没有法制，就会出现弱肉强食的现象，公民难以享受到自己应有的权利。法律维护了一个公平合理的社会秩序，保障了公民的生命财产安全，让公民在社会中有一种安全感。安全感是人获得幸福的一种重要的基础需求，没有安全感，便没有幸福可言。

法律除了保障安全感以外，还可以保障合法的人际关系、人事关系、人物关系等，保障个人的合法情感得以满足，保障自我价值可以实现。法律涉及各个领域，贯穿整个人生，是实现幸福的基础保障。

因此，法律是社会诸多因素中与个人幸福相关的最直接、最重要的因素，位于幸福社会三因子之首。

（二）伦理

伦理就是指在处理人与人、人与社会、人与自然相互关系时应遵循的道理和准则，是从概念角度上对道德现象的哲学思考。它不仅包含着对人与人、人与社会和人与自然之间关系处理中的行为规范，而且蕴含着依照一定原则来规范行为的深刻道理。

幸福感的获得离不开身边的人、社会和自然，它们之间存在着错综复杂的供求关系。复杂的关系中必然包含竞争冲突。法律是解决这些冲突的底线规范，但是在法律允许的范围内，依然还有很多冲突，怎么办？那就要靠伦理来指导。

伦理属于理性范畴，虽然没有法律的强制性，但是有其客观性。如果违背伦理，必然会遭到客观规律的惩罚，比如近亲生育容易造成新生儿畸形等。

伦理是处理人与外界关系的重要理论指导和行为规范。按照伦理处世，可以处理好人与人、人与社会、人与自然之间的关系，从而达到人的内心和谐、人际和谐、与自然和谐的“三和”状态，这是实现幸福的重要途径，是获得幸福的重要社会因素。

（三）道德

道德是道和德的合成词，道是宇宙的规律，德是人按规律做事的品性。道强调的是运动、变化、方向，德强调的是素养、品性、品质。道德是一种社会意识形态，是人们共同生活及其行为的准则与规范。道德往往代表着社会的正面价值取向，起判断行为正当与否的作用。道德是指以善恶为标准，通过社会舆论、内心信念和传统习惯来评价人的行为，调整人与人之间以及个人与社会之间相互关系的行动规范的总和。

上面已经阐述了人在追求幸福的过程中会产生很多冲突，根本性的冲突可以依靠法律来解决，在法律允许的范围内的冲突可以依靠伦理来解决，但在法律和伦理都允许的范围内发生的冲突则可以依靠道德来解决。

道德没有法律的强制力做保障，也没有伦理客观规律的惩罚做保障，它是依靠社会舆论和内心谴责做保障的，主要调节的是人与人、人与社会之间的矛盾，是人进行自我管理的重要精神依据。

让人与人、人与社会和谐是实现幸福的基础，如果一个人的行为违背了道德，即使不受到法律的制裁、伦理的惩罚，也会受到良心的谴责，或者受到社会的谴责。其内心是愧疚的、不安的，这与追求幸福背道而驰。因此可以说，遵守道德是实现幸福的重要途径，是获得幸福的核心社会因素。

综上所述，法律是规范人行为的根本底线，伦理是指导人行为的理性准则，道德是调节人际关系的重要规范。它们都与人的具体行为和实践有关。伦理和法律的根源都在于人的道德，若无道德，则既不会有道德行为，也不能有伦理，而法律也将形同虚设。法律、伦理和道德是一个人实现幸福的主要社会因素，只有人人遵守和践行，人与人才会和谐，人与社会才会和谐，人与自然才会和谐，人们才可能真正地获得幸福。

第三节　幸福规律

一、幸福方程式

（一）幸福的本质

现代心理学中的幸福，是指一个人的需求得到满足而产生长久的喜悦，并希望一直保持现状的心理情绪。该定义阐明了两个观点：第一，幸福是因人的需求得到满足而产生的；第二，幸福的本质是内在的心理感受和外在的情绪表现。情绪是心理感受的外显，通过肢体语言、语音语调、表情、行为呈现出来。这给我们研究幸福提供了切入点，然后通过研究情绪形成的规律，我们进一步发现了幸福方程式。

（二）情绪的构成

人有七情六欲，七情包括喜、怒、忧、思、悲、恐、惊，但这七种情绪中只有四种是最基本的情绪，即喜、怒、悲、恐。我们对这四种基本情绪产生的机理进行了研究。下面模拟了四种场景：

场景一：

一个男孩向女孩表达心声："我爱你！"女孩回答说："我也爱你！"请问这个男孩是什么样的情绪体验？答案是"喜"。为什么？因为他的需求得到了满足。

场景二：

一个男孩向女孩表达心声："我爱你！"女孩说："对不起，我已经有爱人了！"请问这个男孩是什么样的情绪体验？答案当然是"悲"。为什么？因为他的需求未得到满足。

场景三：

一个男孩向女孩表达心声："我爱你！"女孩正要对男孩说"我也爱你"的时候，突然冒出来一个小朋友，抱住这个男孩的腿说："哥哥，给姐姐买一束花吧！"请问这个女孩和男孩是什么样的情绪体验？答案当然是"怒"。为什么？因为他们受到第三方干扰导致需求未能顺利得到满足，而且他们认为能够驾驭这个第三方。

场景四：

一个男孩向女孩表达心声："我爱你！"这个女孩正要说"我也爱你"的时候，突然出现了一个人，手里拿根棍子走过来，大声地呵斥道："臭小子！你跟我女儿在干什么？"请问这个时候，男孩和女孩是什么样的情绪体验？答案是"恐"。为什么？因为他们受到第三方干扰导致需求未能顺利得到满足，而且他们认为不能够驾驭这个第三方。

当然，除了以上四种基本情绪外，还有无数种其他情绪，但它们都是由这四种基本情绪复合构成的。比如，"羡慕"是自己想要的没有得到而别人得到了，同时接受别人得到的事实，表现为对自己的"悲"和对别人的"喜"，所以羡慕是一个悲喜交加的复合情绪；"嫉妒"是自己想要的没有得到而别人得到了，同时他不希望别人得到，于是表现为对自己的"悲"和对别人的"怒"或"恐"，所以嫉妒是"悲＋怒(恐)"的复合情绪；"焦虑"情绪更为复杂，包含三个方面：一是对过去或现在的需求未得到满足，表现为"悲"，二是对未来的需求得到满足心存希望，表现为"喜"，三是对未来需求得到满足而心存担忧，表现为"恐"，所以焦虑是由"悲＋喜＋恐"复合构成的。其他情绪都可以按照这个思路去拆分和理解。

（三）情绪形成规律

在情绪的构成中已经阐明了四种基本情绪的形成过程，喜的情绪令人身体放松、内心愉悦，属于正面情绪；而悲、怒、恐等情绪令人身体紧张、心里难受，属于负面情绪。我们把这四种基本情绪的形成过程放在一起比对（表 3-3）。

通过比对分析发现：第一，负面情绪多于正面情绪，说明

表 3-3　四种基本情绪比对表

情　绪	形成原因	表现类型	情绪性质
喜	需求得到了供给的满足	满意、开心 喜欢、喜爱	正面
悲	需求得不到供给的满足	不满意、郁闷 厌恶、憎恨	负面
怒	因第三方干扰导致供给未满足需求，能够驾驭第三方	生气、气愤 发怒、愤恨	负面
恐	因第三方干扰导致供给未满足需求，不能驾驭第三方	害怕、畏惧 恐惧、恐怖	负面

了人类普遍存在的负面情绪多于正面情绪，这正印证了“人生不如意事十之八九”的古语；第二，需求得到供给的满足时通常产生正面情绪，需求得不到供给的满足时通常产生负面情绪。

（四）幸福方程式

西方心理学在幸福定义中阐明了“幸福是因人的需求得到满足而产生的”，同时根据四种情绪形成原因进行对比分析，我们可以得出“当供给满足需求时情绪表现正面，当供给不满足需求时情绪表现负面”的结论。因此，幸福方程式的表述为（图3-7）：

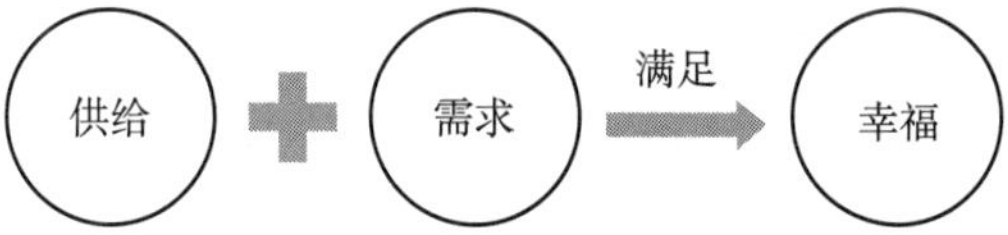

图 3-7　幸福方程式

幸福方程式透过千差万别的幸福现象，为我们揭示了幸福的本质规律就是供给满足需求时产生的正面情绪体验。供给、需求及其满足关系是获得幸福的三个必要元素。

1. 供给

供给原是一个经济学名词，指把生活中必需的物资、财产、资料等给需要的人使用。在这里，我们把所有能解决人的需求的人、财、物、事、法、服务、理念等均称为“供给”。

2. 需求

需求原是一个经济学名词，是指人们有能力购买并且愿意购买某个具体商品的欲望。在这里，我们把人们希望达成的所有愿望或想法均称为“需求”。

3. 满足关系

满足关系是指供给方提供的东西刚好满足了需求方的要求，从而完成了一个供求运动的过程，我们把这种供给与需求之间的关系叫作“满足关系”。

从幸福方程式可以看出，在供给不变的前提下，我们可以通过调整需求达到幸福的目的；在需求不变的前提下，我们可以通过努力提高供给达到幸福的目的；在供给、需求不变的前提下，我们可以创造条件让供给“满足”需求，或者通过直接调整“情绪”，达到幸福的目的。了解了幸福的本质规律，我们可以“以不变应万变”，减少环境对人的制约，将幸福的主动权掌控在自己手里，做幸福的主人。

（五）幸福方程式的意义

1. 幸福方程式架起了一座连接心理与环境的桥梁。幸福方程式通过供给满足需求的关系，在人的内心需求与外在供给之间架起了一座桥梁，解决了人与财富、环境之间的关系问题。

2. 幸福方程式架起了一座连接心理学与经济学的桥梁。幸福方程式是心理学与经济学之间的桥梁，加强了两个学科之间的沟通，促进了两个学科理论的跨界融合。

3. 幸福方程式揭示了永恒不变的幸福规律。在进行幸福研究的八年里，我们调查访问了大量市民，大多人认为“每个人的幸福都不一样，幸福没有规律可循”，而透过幸福方程式，可以发现幸福是有规律的，虽然每个人的幸福内容千变万化，但是供给满足需求的规律永恒不变。

4. 幸福方程式揭示了财富的意义和价值。幸福方程式还明确了科学财富观。财富是有价值的供给，财富的价值体现在满足需求过程中，无需求者无财富，不满足需求者无价值。

幸福方程式是幸福理论的核心支柱，它能让人把握幸福的本质规律，引导人们在现实生活中正确处理好心理与财富、人际、环境等的关系，从而科学地追求幸福、创造幸福，不断提高人的幸福指数。

二、幸福反应区

根据幸福方程式可知，当供给满足需求时会产生正面情绪，当供给未满足需求时会产生负面情绪。实践证明，幸福方程式在现实生活中的大部分情景下是适用的，然而有时供给满足或不满足需求的事件发生了，却并没有产生相应的情绪反应。比如，你捡到 1 块钱会不会情绪高涨、兴奋不已？你丢了 1 块钱会不会情绪低落、郁闷难过？针对这种情况，人们通常没有情绪反应，心里很平静，不会产生情绪，这到底是为什么？为此，我们进行了更深入的研究，发现情绪反应遵循一定的规律。

（一）心理反应类型

心理是大脑对客观现实的主观反应，大脑的反应机制决定了心理的反应机制，在研究心理反应类型之前，我们先看看大脑相关理论。

1.“三位一体脑”

美国神经学专家保罗·麦克里恩提出的“三位一体脑”理论认为，大脑包含原始脑、情绪脑、理智脑三部分。这“三个脑”作为人类不同进化阶段的产物，按照出现顺序依次覆盖在原有的脑层之上。这“三个脑”的运行机制就像“三台互联的生物电脑，各自拥有独立的智能、主体性、时空感与记忆”。

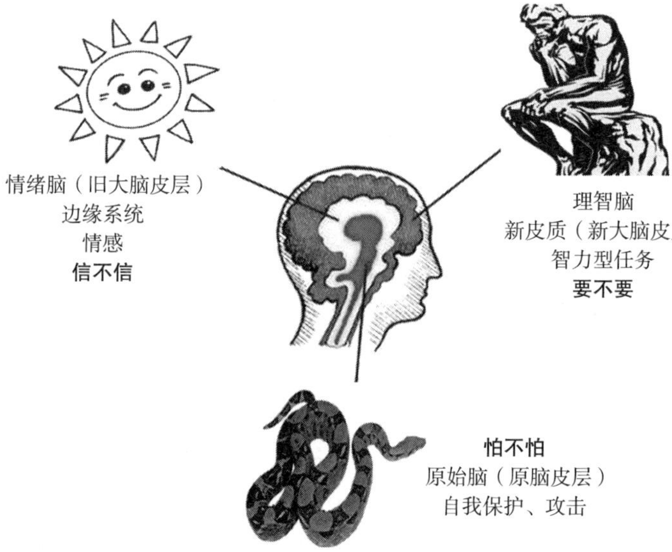

图 3–8 “三位一体脑”

原始脑如同“在记忆里烙下了祖先们在蛮荒时代的生存印记”。它主管着生存、繁衍功能，控制着身体的肌肉、平衡与自动机能，诸如呼吸与心跳。大脑的这个部分一直保持活跃状态，即使在深度睡眠中也不会休息。针对外界危险采取应激反应是其主要反应模式，是生存功能的具体体现。

情绪脑指大脑中间的部分，与大部分尤其是进化早期的哺乳动物脑相对应，是位于边缘系统的古哺乳动物脑，与情感、直觉、哺育、搏斗、逃避，以及性行为紧密相关。情绪脑是孕育情绪、注意力以及情感记忆的主要温床。当这部分大脑受到刺激时，多种情绪便会滋生。情绪反应是情绪脑的主要反应模式。

理智脑就是我们所知道的高级脑或理性脑，它几乎将左右脑半球全部囊括在内。脑皮质对应的是灵长类哺乳动物脑，当然包括人类在内。理智脑的主要反应模式是与原始脑连接，指导或抑制其应激反应；与情绪脑连接，指导或抑制其情绪反应。

2. 心理反应先后次序

三个脑的反应有先后次序，原始脑优先于情绪脑，情绪脑优先于理智脑。所以当外界事物对人产生刺激时，会遵循以下步骤：（1）看有没有觉察，没有觉察就没有反应；（2）觉察之后，要看有没有重大风险，要不要采取应激反应；（3）如果没有重大风险，再看信不信、愿不愿、喜不喜欢、讨不讨厌等，要不要采取情绪反应；（4）最后信息进入大脑皮层，分析值不值、该不该做、如何做等问题，确定后采取相应的语言、行为、表情等措施。

3. 心理反应类型

"三位一体脑"理论指明了人有三大类型的心理反应：一是应激反应，二是情绪反应，三是不反应。这三大反应模式都是建立在人感受到外界刺激而作出反应的前提下，但是当外界刺激存在，而人又没有感知到刺激时，人是没有反应的。

根据以上分析，我们将人的心理反应模式归纳为无反应、应激反应、情绪反应、不反应四种类型。

（二）反应模式启动边界

通过对无反应、应激反应、情绪反应、不反应四种反应模式进行仔细分析、研究发现，反应模式之间存在一定的启动边界。

1. 觉察线

心理反应发生的前提是感知到外界的刺激。感知包括感觉和知觉，要想感知到事物，首要的是觉察，因为觉察到事物才会引起人的反应；否则，不管外界发生什么，都不会引起反应。因此，我们设定觉察线为心理反应的启动边界线。

2. 允许线

应激反应分生理层面、心理层面、精神层面三类。

生理层面的应激是指环境威胁超出一个人的生理承受能力，危及生存、繁衍和安全时，人会本能地采取斗争、逃避、冻结、屈服的应激措施。生理承受能力允许的极限值就是启动生理应激机制的边界线。

心理层面的应激是指环境威胁超出一个人的心理承受能力，危及其价值感和财富安全时，人会本能地采取斗争、逃避、冻结、屈服的应激措施。心理承受能力允许的极限值就是启动心理应激机制的边界线。

精神层面的应激是指环境威胁超出一个人的精神底线，危及其个人道德、名誉安全时，人会本能地采取斗争、逃避、冻结、屈服的应激措施。精神承受能力允许的极限值就是启动精神应激机制的边界线。

根据三种应激反应发生的条件，我们可以看出，生理承受能力允许值、心理承受能力允许值、精神承受能力允许值是启动应激反应的边界线，我们将其统称为“允许线”。“允许线”的一侧代表不允许，另一侧代表允许。

3. 淡定线

当一个人处在情绪状态时，心理原因使其将产生情绪的事件看得很重，这主要受兴趣爱好的影响。当通过调适心态而将这类事件变得司空见惯、习以为常时，人就会变得平静下来。我们将对此事件是否淡定的界线称为“淡定线”。“淡定线”的一侧代表不淡定，表示会起情绪反应；另一侧代表淡定，表示内心平静。“淡定线”是启动对事件不反应的边界线。

（三）四大反应区

我们将四种反应模式和反应模式启动边界线结合起来，再按照心理反应先后次序，画成平面图，发现三条线将整个平面隔成四个区域，构成了一个完整的反应区域图（图 3–9）。

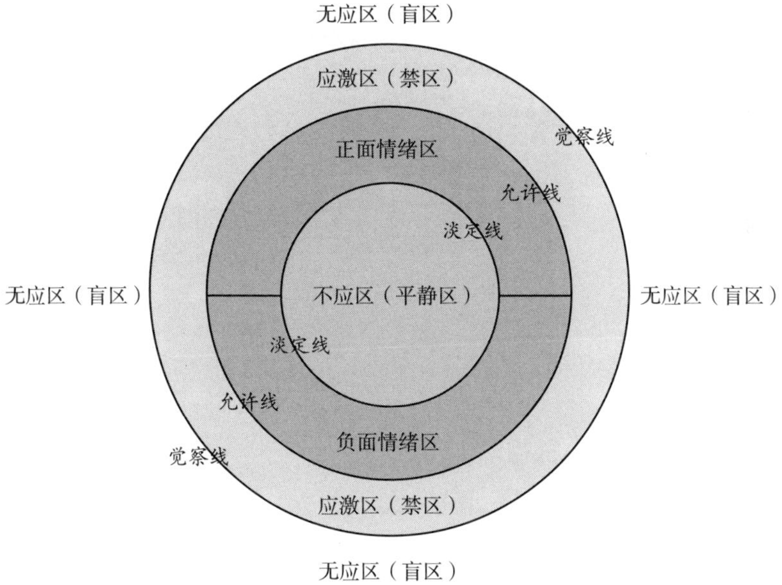

图 3–9　反应区理论图

1. 无应区

无应区是指超出人的“觉察线”范围的区域。因为人的主观或客观原因，导致对该区域没有觉察，人对该区域无反应，我们又将该区域叫作“盲区”。

2. 应激区

应激区是指已被人觉察到，进入“觉察线”，但又超出人的“允许线”范围的区域。人对该区域发生的事件会采取应激反应，我们又把该区域叫作“禁区”。“禁区”是指事件不仅进入了当事人的觉察范畴，而且当事人对该事件产生了情绪波动，甚至是极大的负向情绪波动。同时，当事人在生理反应表现上会出现交感神经兴奋、垂体和肾上腺皮质激素分泌增多、血糖升高、血压上升、心率加快和呼吸加速等症状，甚至出现歇斯底里、攻击、搏斗、逃跑等应激反应行为。“禁区”是当事人的“情绪禁区”，说明该事件对于当事人而言意义重大，事件的出现超出了当事人的承受极限，侵犯了当事人的价值底线等。一个人的“禁区”越大，说明他越容易出现应激反应行为。

3. 情绪区

情绪区是指已被人觉察到，内心允许此类事情发生，但是不淡定，即在“允许线”与“淡定线”之间的区域。

情绪区是指事件不但进入了当事人的觉察范畴，而且当事人对该事件产生了情绪波动，这种情绪波动朝着两种完全相反的方向发展：一是正向波动，当事人表现出爱、快乐、喜悦、兴奋、感恩、自豪等接纳性情绪，这个半圆反应区也称为“正面情绪区”；二是负向波动，当事人表现出痛苦、悲伤、焦虑、紧张、恐惧、愤怒、失望、内疚等抗拒性情绪，这个半圆反应区也称为“负面情绪区”，即当事人只是被动允许事情发生，心里其实是不希望事情这样发生的。人的天性是“趋乐避苦”的，因此，事件越是在正面情绪区越受人欢迎，越是在负面情绪区越令人讨厌。要想提高自己的幸福力，则需要扩展正面情绪区，减小负面情绪区。

4. 不应区

不应区是指事件进入了当事人的觉察范畴，但是当事人对该事件反应平淡，心无波动，当事人做到了“不以物喜，不以己悲”，心平气和地接纳该事件的发生。这其中的原因可能是事件微不足道，引发不了当事人的情绪波动；也可能是当事人心理素质超强，可以自觉保持平和淡定，不让事件引起情绪波动。后一种情况，正如《中庸》里指出的“喜怒哀乐之未发”的状态，这是心境修炼到很高程度的精神状态。我们又把这个区域叫作“平静区”。一个人的平静区越大，说明他的情绪自控力越强，幸福掌控力就越强。

（四）反应区理论意义

幸福反应区理论有什么意义呢？我们发现觉察线、允许线、淡定线都属于“心理线”，而且都可以通过心理调适达到调整心理线的目的，也就是说这四个反应区的大小可以通过心理调适来实现。原来“幸福就在心中”，科学地调节心理线是可以提高幸福指数的。

1. 缩小盲区

每个人都存在着盲区，无知是人不幸福的主要原因，因此我们要不断地扩大觉察线，让盲区变小。

2. 缩小禁区

每个人都存在着禁区，触发禁区会产生强烈反应，让人处于斗争或逃避的应激状态，导致幸福指数降低，因此我们要通过不断地扩展允许线，缩小禁区，减少应激反应，让自己变得更加自由。

3. 扩大正面情绪区

正面情绪区是实现大众幸福的主要情绪反应区，要通过扩展允许线和收缩淡定线，扩大正面情绪区，提高幸福感受。

4. 缩小负面情绪区

负面情绪区是降低大众幸福指数的主要情绪反应区，要通过扩展允许线和淡定线，减少负面情绪区，提高正面心理感受。

5. 扩大平静区

平静区是无论对正面事件还是负面事件，都不产生情绪反应的区域。虽然扩大正面情绪区是获得幸福感的最直接途径，但是情绪存在钟摆效应，正面情绪过后容易产生负面情绪。针对普通大众，扩大正面情绪区是一个好的途径，但是要想获得持续的幸福感，扩大平静区才是根本的途径。扩大平静区可以通过扩展淡定线来实现。

可见，幸福反应区理论不单是一套科学的情绪识别理论，更是一个情绪管理工具。它的产生有两个重大意义：一是人们通过幸福反应区模型图，能够快速识别自己的情绪反应类型，并及时作出合理的调整，尽量避免矛盾激化和事态扩大；二是有利于人们识别他人的情绪反应类型，以使自己在人际关系中把握好交际界限，从而更好地与他人相处。总之，该理论的提出和运用，能够提高人们的情绪识别能力，带给人们更多幸福。

三、幸福驱动力

每个人都在努力追求各自的幸福，幸福指数可以不断地提高。那到底是什么力量在推动着幸福指数变化呢？它是如何产生的呢？我们将重点研究这股推动力，并将其命名为“幸福驱动力”。

（一）从供求关系看幸福驱动力

1. 供给满足需求时产生幸福驱动力

根据幸福方程式可知，当供给满足需求时，人可以直接获得幸福感。又根据马斯洛需求层次理论可知，一个需求得到满足后，该需求会失去推动力，但是更高层次的新需求产生，新的推动力也跟着产生，这样循环往复，推动着人持续地努力，持续地满足，使人不断地向更高层次发展，让人走向更高层次的幸福。

以上这种供给满足需求的力量，就是最重要、最直接的幸福驱动力。比如，20 世纪 80 年代末，有很多贫困学生一直渴望上大学，但因家庭过于贫困，最终放弃了学业，大学梦成为这些人未得到满足的一个心结。然而也有一些特别幸运的人，他们得到了爱心人士的资助，顺利地考上大学，圆了大学梦。后来还考了研究生、博士生，完全改变了人生轨迹。这个案例说明：满足了他们上大学的需求后，才可激发他们去追求更高层次的其他需求；反之，那些被迫放弃考大学的人，大学梦一直未得到实现，至于考研究生、博士生的梦想也就无从谈起。

2. 适度心理压力产生幸福驱动力

当供给小于需求时，出现供不应求的情况，当供不应求的缺口在环境资源和自身能力可能填补的范围内时，人们就会努力去填补这个缺口，这个缺口给人们带来心理上的反应，就是适度心理压力。

虽然当前没有达到供给完全满足需求的状态，但是经过努力是可以达到的。也就是说，现在无法满足，经过努力后，未来可能满足。只要人们对未来充满希望，就可以体验到未来需求得到满足的滋味。这种供给未满足需求时产生的适度心理压力，也是一种幸福驱动力。比如，一个孩子的语文成绩是 80 分，如果经过他的努力，是可以达到 90 分的。如果家长同孩子一起商量制订一个学习计划，达到 90 分就给予相应奖励，这个计划激发出来的适度心理压力就是幸福驱动力。

当供给小于需求并出现严重供不应求的情况时，供求之间的缺口太大，并且环境资源和自身能力不能填补这么大的缺口，让人看不到希望，这会使人们沮丧、放弃斗志，这个大缺口带来的心理反应，就是过度心理压力。它对人们幸福感的形成极具破坏力，不属于幸福驱动力。比如，北京、上海、广州、深圳房价太高，很多年轻人拼命地工作，就算月薪过万，干一辈子也难以购买一套像样的住房，这对年轻人来说就是过度心理压力，扼杀了他们的幸福感。

由此可见，想办法满足需求，对需求者而言是最大的幸福驱动力；而良性压力也会让人努力去追求各自的幸福。过度心理压力是幸福的天敌，是我们应该避免的。

（二）从幸福感情角度看幸福驱动力

1. 幸福感是一种幸福驱动力

当一个人做了某件事后，让自己产生了生理满足感、价值满足感、精神满足感，当三感统一时便获得了幸福感。幸福感启动了大脑的奖赏机制，使机体分泌出一些令人身心愉悦的物质，让人沉浸其中，流连忘返，这种情况下会驱动人下次继续努力，用心做好同样的事情，从而继续体验美好的感受。因此，幸福感本身就是一种幸福驱动力。

2. 幸福情是一种幸福驱动力

一个人产生了幸福情，是幸福感在自己人生中的普遍化。那么他会对自己的人生充满幸福的情感，对自己的能力充满自信，对自己的生活充满热爱，对自己的人生充满价值感。这样的人会频繁遇到对自己人生的评估，每次评估都会获得满意答案，此时会刺激大脑持续大量地分泌出多巴胺等神经递质来，从而获得愉悦的心理感受。愉悦的感受会让人身体放松，引发生理快感。所以，幸福情是一种强大的、持续的幸福驱动力。

3. 幸福生活方式是一种幸福驱动力

幸福生活方式是对自己、对身边的人、对社会均充满着感恩、奉献、博爱等正面情感，是幸福情在生活中的泛化。生活中的无数事件，都可以触发正面的评价，此时会刺激大脑分泌出多巴胺等神经递质来，让人获得愉悦的心理感受。愉悦的感受会让人身体放松，引发生理快感。因为幸福生活方式是由强烈持久的幸福情升华而来，它触发分泌荷尔蒙的机会很多，所以分泌神经递质的时间、数量也会比幸福情更多。因此，幸福生活方式是最强、最持久的幸福驱动力。

（三）从综合作用力角度看幸福驱动力

根据以上分析可知共有五种幸福驱动力：一是供给满足需求；二是适度心理压力；三是幸福感；四是幸福情；五是幸福生活方式。这五种驱动力可以同时存在，也可以单独存在，它们各自产生与自己相对应的刺激，促进身体分泌与其相应的荷尔蒙或神经递质，形成荷尔蒙混合物。有些分泌物的作用同向，也有的作用反向，同向的相互促进，反向的相互抵消，最终形成加权作用后的矢量之和，体现在生理因子上。

如果几种不同的力量交织在一起，那么这种力量到底该怎么计算？模拟作用力的物理模型，其计算公式可大致参照表 3–4。

表 3–4　幸福驱动力计算表

类别 内容	名　称	权　重	计算公式	小　计
1	供给满足需求 S	W1	F1=S × W1	F1
2	适度心理压力 P	W2	F2=P × W2	F2
3	幸福感 G	W3	F3=G × W3	F3
4	幸福情 Q	W4	F4=Q × W4	F4
5	幸福生活方式 M	W5	F5=M × W5	F5
6	综合驱动力 F	F=F1+F2+F3+F4+F5		

根据上表可知，幸福综合驱动力 = 供给满足需求 S× 权重 W1+ 适度心理压力 P× 权重 W2+ 幸福感 G× 权重 W3+ 幸福情 Q× 权重 W4+ 幸福生活方式 M× 权重 W5。每种作用力的性质决定了其权重，而且与权重存在一定的大小关系。比如，幸福生活方式的权重 W5 ≥幸福情的权重 W4 ≥幸福感的权重 W3 ≥适度心理压力的权重 W2 ≥供给满足需求的权重 W1。每种作用力的大小由其具体环境刺激强度决定。

当综合驱动力 F 大于 0 时，作用力向上，推动幸福感层次递增；当作用力小于 0 时，作用力向下，推动幸福感层次递减。

从上述公式可知，一个人是否越来越幸福，就看他当前的综合驱动力 F 是否大于 0。只有当综合驱动力大于 0 时，它才构成幸福驱动力，推动着他越来越幸福，否则他会越来越痛苦。

理解了幸福驱动力，知道了它的来源，我们便可以了解自己当下的状态，并努力去创造我们所需要的幸福驱动力，让自己获得持续的幸福，将幸福进行到底。

四、幸福升降梯

质量互变规律告诉我们，宇宙的事物变化是由量变积累导致质变的，质变之后又会导致新的量变。幸福指数的变化也不是骤变式的，而是通过一定的量变积累才产生质变的。幸福驱动力的着力点在幸福因子上，它们的变化推动着幸福指数的升降。

为方便理解和掌握，我们将幸福感情细分成九个层次，排列在一起呈阶梯状。随着幸福驱动力的变化，幸福指数可能上升，也可能下降。同样道理，痛苦感也可以分为对应的九个层次。随着痛苦驱动力变化，痛苦感可能上升，也可能下降。我们把幸福感情和痛苦感的层次变化，称为“幸福升降梯”。

根据幸福感情变化规律，将幸福感情归纳为三类、九层：

第一类（幸福感）——快乐、价值、意义；

第二类（幸福情）——自信、自尊、自爱；

第三类（幸福生活方式）——感恩、奉献、博爱。

幸福感情的三类、九层（图 3–10），通常是按层次逐层变化的，可能上升，也可能下降；层次越高幸福指数越高，层次越低幸福指数越低。

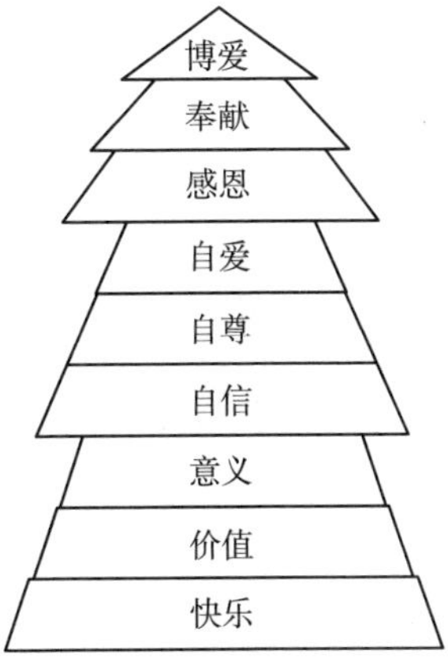

图 3–10　幸福升降梯

第一层：快乐，即生理满足后的快感。当本我的生理需求得到满足时，身体会感到放松和舒适。这种感觉是当外界环境满足了生理需求时大脑分泌出内啡呔，使人产生快感，它是幸福感的生理因子。

第二层：价值，即价值满足感。当自我的价值需求得到满足时，会觉得自己是一个有益于他人的人，自己的人生充满着价值，从而刺激大脑分泌血清素或多巴胺等神经递质，使人产生价值满足感。这种感受源自于对供给的价值评判，受价值观的影响，是幸福感的理智因子。

第三层：意义，即道德满足感。当超我的精神需求得到满足时，自己会感到人格高尚以及生命的意义，从而刺激大脑分泌多巴胺，使人产生精神满足感，它是幸福感的精神因子。

第四层：自信，即自己的需求多次获得满足后，产生的一种对自己的积极评价和正面态度，是发自内心的自我肯定与相信，属于幸福情范畴，是幸福情的初级阶段。充满自信的人，当审视自己时，会对自己充满着信任与认可，从而产生一种主观的精神满足感和价值满足感，此时大脑会分泌血清素或多巴胺等物质，让人感到愉悦；同时还会回忆起过去的成功经验，并想象未来满足需求时的生理快感，从而促进大脑分泌内啡呔等物质，让人获得快感，最终实现生理快感、心理愉悦感、精神愉悦感的三感统一。

第五层：自尊，即自己的需求得到持续满足后，基于对自己的评价而产生和形成的一种自我尊重，并要求受到他人、集体和社会的尊重，属于幸福情范畴，是幸福情的中级阶段。充满自尊的人，当审视自己的价值时，会对自己充满着价值认同（其幸福感产生的心理和生理机制同上）。

第六层：自爱，即自己的需求持续得到满足后，产生的一种对自己的积极评价和正面态度，是发自内心的自我肯定和自我欣赏，属于幸福情范畴，是幸福情的高级阶段。充满自爱的人，当审视自己时，会对自己充满着欣赏与爱恋，从而产生一种主观的精神满足和价值满足的评价（其幸福感产生的心理和生理机制同上）。

第七层：感恩，即对过去满足过自己需求的人表示感激，并表示愿意给予回报的一种情感，是幸福情对外的泛化，属于幸福生活方式范畴，是幸福生活方式的初级阶段。感恩的人的注意力已经不在自己身上，他们开始关注身边人、事、物的优点，并愿意为之付出相应的回报（其幸福感情产生的心理生理机制同上）。

第八层：奉献，是一种爱，是愿意全身心地付出，去满足别人的需求而不求回报，属于幸福生活方式范畴，是幸福生活方式的中级阶段，是幸福情对社会上的人、事、物的进一步泛化（其幸福感产生的心理和生理机制同上）。

第九层：博爱，即一种广泛的爱，是以自己全然的付出满足其他人的需求，感到欣喜而不求回报，属于高尚的幸福生活方式范畴，是幸福生活方式的最高阶段，是幸福情对社会上更广泛的人、事、物的进一步泛化（其幸福感产生的心理和生理机制同上）。

幸福感情有九层，而与之相对应的痛苦感也可分为三类、九层（图 3–11）。

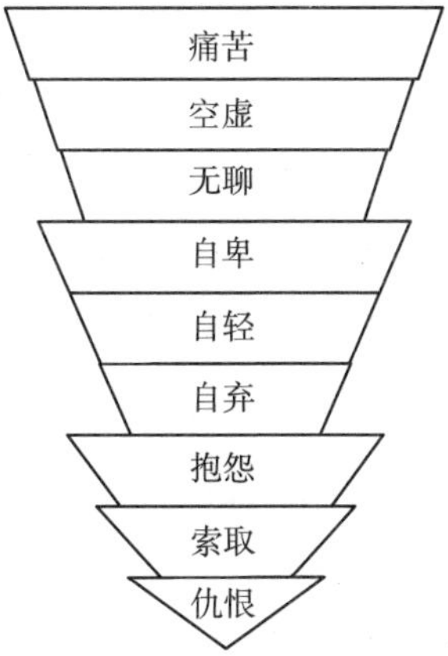

图 3–11　痛苦升降梯

第一类（痛苦感）——痛苦、空虚、无聊；

第二类（痛苦情）——自卑、自轻、自弃；

第三类（痛苦生活方式）——抱怨、索取、仇恨。

第一层：痛苦，即生理痛感。当身体受到的外界刺激超过可承受能力时，会出现受伤、疼痛等症状，让人痛苦。

第二层：空虚。当一个人长期得不到自己想要的东西，内心价值感得不到满足时，会产生内心的空虚。

第三层：无聊。当一个人长期做一些对自己和社会毫无意义的事情时，内心会产生匮乏、没有意义的感觉，这便是无聊感。

第四层：自卑。当一个人在某方面和别人比较时，心理落差较大，会感觉自己的供给很不足，这个时候容易产生看不起自己的心理——自卑感。

第五层：自轻。一个人总是没有得到自己需求的，对自己表示怀疑，经常看不起自己，过低评价了自己的真实能力，就是自轻的状态。

第六层：自弃。当一个人经常处于自卑的状态，总是没有成就感和自信，久而久之就容易形成自弃的心理情绪。“破罐子破摔”，就是自弃的形象表达。

第七层：抱怨。当外在的人、事、物没有满足自己的需求时，很多人会出现批评指责的负面情绪，这就是抱怨。

第八层：索取。有的人为了满足自己的需求，不断地向外求索，并认为越多越好，甚至形成索取型人格。

第九层：仇恨。当一个人对他人充满极大不满甚至打击报复对方的时候，就形成了仇恨情绪。这是一个相当强烈的负面情绪。

如果说人们平静时的情绪是“0”的状态，上九层情绪则是正向的状态，就是我们通常说的正能量；反之，下九层情绪是负向的状态，就是我们通常所说的负能量。“幸福升降梯”告诉我们：一个人可以上至天堂（努力往幸福感的高层次走），也可以下至地狱（自暴自弃让自己不断堕落），关键取决于我们自己选择什么样的阶梯路径。

五、幸福效应群

效应是指在有限环境下，一些因素和一些结果构成的一种因果现象，多用于对一种自然现象和社会现象的描述，如温室效应、木桶效应等。当某个人物或事物的行为或作用，引起其他人或事物产生相应变化的因果反应或连锁反应时，我们称之为心理效应。同理，当一个人处于幸福状态时，由于情绪、情感具备组织、动机、感染、迁移等功能，从而会对幸福再生产过程产生一系列的心理效应。心理效应有积极的，也有消极的，我们把这一系列的心理效应，统称为“幸福效应群”。

（一）积极心理效应

1. 南风效应

法国作家拉·封丹写过这样一则寓言：北风和南风比威力，看谁能把行人身上的大衣吹掉。北风使出浑身解数，狂风呼啸，试图吹掉行人身上的衣服。结果行人为了抵御寒冷，便把大衣裹得紧紧的。而南风徐徐地吹动，使天气温暖起来，阳光普照。行人因为觉得暖和，相继脱掉大衣。在这场比赛中，南风获得了胜利。

当一个人处于幸福的状态时好比南风，传递正能量，给人带来温暖，令人敞开心扉，从而给自己和他人带来更多幸福感；当一个处于痛苦的状态时好比北风，传递负能量，给人带来冷漠，令人封闭心门，从而给自己和他人带来更多痛苦感。

2. 晕轮效应

晕轮效应，是指一个人身上具有某方面明显的特征，容易让人以为他在其他方面也拥有该类特征，从而造成人际认知偏差。生活中，如果一个人被标明是好的，他就容易被一种积极肯定的光环笼罩，并被赋予一切好的品质；如果一个人被标明是坏的，他就会被一种消极否定的光环所笼罩，并被认为具有各种坏品质。晕轮效应最早是由美国著名心理学家爱德华·桑戴克于20世纪20年代提出的。

《韩非子·说难》中有一个故事，讲的是卫灵公和弥子瑕。有一次，弥子瑕的母亲病重，他为了能赶快回去看望母亲，假传王命，偷乘卫灵公的车子连夜赶回家去。按照卫国的法律，偷乘国君的车子是要处以刖刑（把脚砍掉）的。后来弥子瑕被别的大臣弹劾时，卫灵公却夸奖弥子瑕孝顺母亲。

还有一次，弥子瑕与卫灵公同游桃园，他摘了个桃子吃，觉得很甜，就把咬过的桃子献给卫灵公。卫灵公又夸他有爱君之心，替君品尝。后来，弥子瑕年老，不受宠了，卫灵公从不喜欢他的外貌到不喜欢他整个人的品质，甚至以前夸奖过他的两件事，也成为弥子瑕的“欺君之罪”。

3. 视网膜效应

生活中大家可能都有过如下类似的经历，当自己花了很长时间深思熟虑地买了一双鞋而沾沾自喜时，却突然发现，无论走到哪里好像都能看到和自己撞鞋的人。又或者因为我们自己有一种缺点，而发现其他人好像也都有这个缺点。这种现象在心理学上叫作视网膜效应。当我们自己拥有某件东西或某个特征时，我们就会比其他人更加注意别人是否和我们一样拥有这件东西或特征。

当一个人拥有幸福的习惯和生活方式时，在视网膜效应的影响下，我们也会看到其他人好的习惯和优点，从而创造良好的人际关系。

4. 马太效应

《新约·马太福音》中有这样一个故事，一个国王远行前，交给三个仆人每人一锭银子，吩咐他们："你们去做生意，等我回来时，再来见我。"国王回来时，第一个仆人说："主人，你交给我们的一锭银子，我已赚了 10 锭。"于是国王奖励他 10 座城邑。第二个仆人报告说："主人，你给我的一锭银子，我已赚了 5 锭。"于是国王奖励了他 5 座城邑。第三个仆人报告说："主人，你给我的一锭银子，我一直包在手巾里存着，我怕丢失，一直没有拿出来。"于是国王命令将第三个仆人的一锭银子也赏给第一个仆人，并且说："凡是少的，就连他所有的也要夺过来。凡是多的，还要给他，叫他多多益善。"这就是马太效应。

越幸福的人内心越满足，看到的都是别人的优点，给予别人的都是别人想要的尊重和爱，越有能力和机会去给予别人，别人就会越向你靠拢，这就是充满幸福的人的马太效应。在我们周围还可以发现许多马太效应的例子。比如，朋友多的人会借助频繁的交往交到更多朋友；缺少朋友的人会一直孤独下去。所以，幸福的人善用马太效应，让自己越来越幸福。反之，如果你越痛苦，你就越会吸引痛苦。

5. 皮格马利翁效应

美国心理学家罗森塔尔曾做过一个有趣的试验：他对一所小学中六个班的学生成绩发展进行预测，并把他认为有发展潜力的学生列了一个名单，用赞赏的口吻通知学校校长和有关教师，并再三叮嘱他们对名单保密。实际上，这些名单是他随意开的。出乎意料的是，八个月以后竟出现了令人惊喜的变化：名单上的学生，个个学习进步，性格开朗活泼，求知欲强，与老师感情甚笃。原来，这些教师得到权威性的预测暗示后，便开始对这些学生投以信任的目光，态度也亲切温和，即使他们犯了错误，也相信他们能改正。正是这种暗含的期待和信任使学生增强了进取心，使他们更加自尊、自爱、自信和自强，奋发向上，故而出现了“奇迹”。罗森塔尔将这种心理现象称为“皮格马利翁效应”。

皮格马利翁效应留给我们这样一个启示：信任和期待具有一种能量。幸福的人自信、自爱、自尊，也会信任他人、爱护他人、尊敬他人，这种发自心底的信任和期待，会给自己带来心想事成和梦想成真的结果。

（二）消极心理效应

1. 虚假希望综合征

因为发誓改变会让我们充满希望，我们喜欢想象改变后的生活，幻想改变后的自己更苗条、更强壮、更有钱、更积极向上。可惜，这一切都无法变成现实。作出改变的决定就是最典型的即时满足感，在什么都还没做之前，你就感觉良好了。等感觉良好之后，你就不想改变了。这就是虚假希望综合征，你总是发誓要改变，而且认为这是你意志力的体现。

经历 2015 年的金融风险后，一批从事金融的人由富翁变成了“负翁”，这种落差让他们痛苦不堪。这个时候一些关注人身心灵的课程出现，教人“活在当下”等，让人身心灵得到疗愈，使人变得“幸福”起来，一切不顺心的事都离人们远了。结果，生意上的朋友越来越少，共同享受当下“幸福”的人越来越多。最后，这些长期处在虚无“幸福”中的人们又回到了痛苦的现实中。

虚假希望综合征不是不治之症，面对痛苦，很多人不接受，甚至回避当下的痛苦，这样是永远走不出痛苦的。“晚上想了千条路，早上起来走原路”，面对这种情况，需要学会立即行动，并坚持改变。

2. 意志力陷阱

意志力陷阱是现代心理学家近期的新发现，它指出意志力是一个有限的资源，不能持续高强度地进行供应，如果在一段时间里过度使用，会导致紧接着的另一段时间里出现意志力缺失现象。

比如在经典的延迟满足实验中，哪个小朋友在规定的时间内不吃放在自己面前的棉花糖，只要坚持三分钟，就可以再奖励给他一颗。年龄越小的小朋友意志力越差，不超过一分钟，就禁不住诱惑把糖吃了；而年龄大一点的小朋友，意志力较强，控制自己三分钟没有吃糖。但是，当他获得奖励后，便迫不及待地将两颗糖同时塞进了嘴里。

很多减肥的人就是这样，首先用意志力控制着自己的嘴巴，等到实在控制不住了，就敞开肚子吃几天，一吃回到解放前，甚至更严重。

在追求幸福的过程中，要防止意志力陷阱，生活中多用良好习惯，少用意志力；即使要使用，也要尽量保持平衡地使用，合理地使用。

3. 钟摆效应

“钟摆效应”是心理学的一个名词，主要是描述人类情绪的高低摆荡现象。一个人在正面情绪上的反应有多强，那么他在相对应的负面情绪的反应上也会有那么强。就像“钟摆”一样，左右两边的摆动幅度总是一样的。

追求幸福的人希望自己总是乐呵呵的，也希望自己的情绪一直处在正面高涨的状态，但这是不可能的，因为身体有自动防护机制。当情绪过度高涨后，生理机能的消耗会很大，需要得到休息和能量补充，情绪会自动下调，正面情绪有多高涨，负面情绪就会有多低落。我在讲课中深有体会，当某天讲课感觉很好，情绪高涨了一天，晚上回到家休息时，会感到莫名的惆怅，突然情绪低落，甚至觉得自己不过如此，像小丑一样。原来这是情绪的钟摆效应所致。

每个人都希望避开痛苦，然而有些人因为矫枉过正，结果连那些他想得到的情绪也失去了。例如，有人害怕失望，因此极力想避开会导致失望的情况，如畏缩于拓展人际关系、不敢接受具有挑战性的工作等。就短期来看，他是避开了会使他感到失望的事情，可他也失去了能使他得到关怀和信心的机会。一心想逃避负面情绪并不是办法，积极的做法是从这些负面的情绪中挖掘出正面的意义及功能，让负面情绪为我们所用。

为了克服情绪的钟摆效应，最佳方式是不断地修炼身心，使自己不以物喜，不以己悲，变得从容淡定，让情绪平衡而稳定，这才是幸福的最高境界。

幸福效应群告诉我们，要善于利用积极的心理效应，为自己和他人多发现幸福、创造幸福，同时要有清醒的觉察意识，避免产生消极的心理效应，以致丧失了原有的幸福。

六、五大幸福规律之联系

根据对幸福规律的研究，我们发现了幸福方程式、幸福反应区、幸福驱动力、幸福升降梯、幸福效应群等五大规律。

幸福驱动力是五大幸福规律的核心，是幸福的原动力，它推动着其他四个规律的独立运行（图 3-12）。

幸福方程式是反映人与环境之间相互关联、相互作用的桥梁，推动幸福反应区规律的运行，是其他几个幸福规律的基础，是最重要的幸福规律之一。

幸福反应区是在幸福方程式的基础上，进一步细化研究人的四种反应模式类型，是幸福方程式的重要补充。

幸福升降梯是在幸福驱动力的推动下，在幸福方程式和幸福反应区规律的基础上，使幸福层次可以不断地发生改变，使幸福

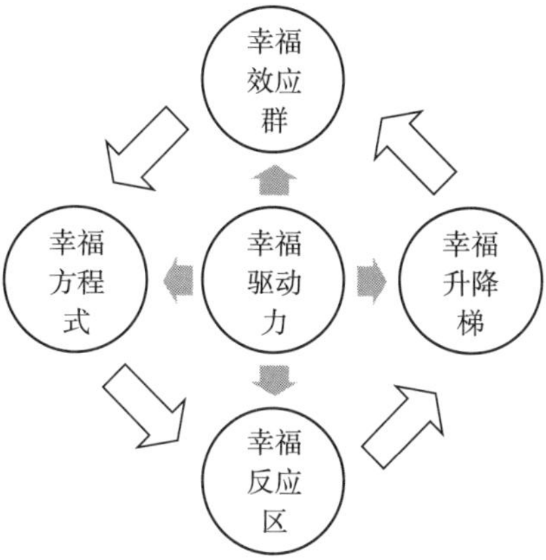

图 3–12　五大幸福规律

境界像升降梯一样可高可低。

幸福效应群是当人处在幸福状态时，会产生一些心理效应，这种心理效应作用于人们的心理过程，使自己或身边的人变得更幸福。

这五大幸福规律之间相互联系、相互作用，是一个不可分割的幸福规律系统。完整地掌握并运用五大幸福规律，对提高人们的幸福指数有重大现实意义。

第四章　供求协同幸福观确立

幸福探究除了进入幸福内核——幸福本质和规律之外，还要建立一套理性务实又自成体系的幸福观。那么什么是幸福观？幸福观是指人们对幸福的根本看法和态度。如果没有一套系统的幸福观，对于幸福的研究只能是蜻蜓点水。毫不夸张地说，没有幸福观的幸福研究，不过是一些幸福感悟罢了。

为此，我们分析了实现幸福的途径，参考了供求理论与协同理论，借鉴了儒释道的供求协同思想，将供求理论、协同理论与幸福理论巧妙地结合在一起，创造性地提出了一个全新理论——供求协同幸福理论。

供求是原因和过程，协同是结果和状态，幸福是协同状态下的心理感受。三感统一描述的是静态条件下的幸福状态，而供求协同描述的是一个动态条件下的幸福状态。由于将需求扩展至事物的客观要求，供求协同幸福理论的适用范围便由人与社会扩展至整个宇宙，它是阴阳理论的具体应用，有着重要的理论价值。

在提出供求协同幸福理论之后，结合儒家人本思想，吸收古今中外各类幸福观的精华，我们提出了供求协同幸福观，并指出了幸福观的具体特点、原则和内涵，是一套较为完整且贴近现实的幸福观，对我们的现实生活有重大指导意义。

幸福的获得，不是一个独立的事件，而是一个系统事件；不只是关于个人，更涉及社会；不只是静态的，而且是动态的。供求协同幸福观，将幸福研究放置在一个系统、动态的框架背景中，必将具有持久的生命力。我们相信，这种理论创新，不单单是对幸福的研究，对社会各个层面的研究都将具有重大的借鉴意义和指导作用。

第一节　分析实现幸福的途径

俗话说“条条大路通罗马”，但不是每个人都可以到达“罗马”，因为很多人不知道到达“罗马”的具体途径。幸福也是如此。人人热爱幸福、追求幸福，可是如果走错了方向，就会离幸福越来越远。怎样才能实现幸福呢？让我们再次看看“幸福方程式”：

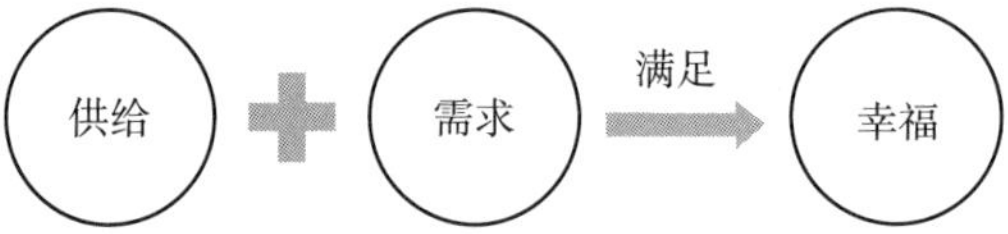

图 4–1　幸福方程式

幸福方程式告诉我们，实现幸福的途径有三条：第一条是调整方程式的左侧，即调整供求关系；第二条是调整方程式的右侧，即管理情绪情感；第三条是对方程式的左右两侧进行调整，即对前两条途径的综合运用。

一、调整供求关系

幸福方程式左侧包含了供给、需求、供求关系三个因素，只要调整其中任何一个，就可以达到调整方程式右侧幸福的目的。

（一）调整需求

根据幸福方程式可知，在供给一定的前提下，需求越低，幸福指数越高。比如，人在 40 岁前，通常身强力壮，好胜心强，而且上有老下有小，需求具有刚性且数量较多，此时供给增长的速度难以跟上需求增长的速度，因此，这个年龄阶段的人压力是最大的。过了 40 岁后，很多人不再攀比，不再胡吃海喝，在供给没有发生太大变化的前提下，需求逐步下降，人逐渐恢复平静，幸福指数会逐步提高。

当然，在现实中，需求不能无限下调。人是现实的人，是社会的人，有正常的生存和生活需求，比如身体和心理健康、生命财产的安全、基本生活的保障等，这些是人的基本需求。如果连这些都得不到保障，何谈幸福？同时，如果需求太小，供给与需求的差距肯定也不大，无法形成良性心理压力，也无法推动人向更高层次的幸福发展。因此，需求不能永无止境地缩小，当需求过小的时候，会带来新的甚至更大的痛苦。比如，有一对老年夫妇，为了坚持宗教信仰，不杀生，不吃荤，长期过午不食，生病也不治，最后瘦得皮包骨头，痛苦不堪。因此，我们要记住，需求合理即可。

反过来，需求越大也不一定幸福指数就越低。当一个人有激情、有能力、有资源的时候，他的需求比较大，这个需求经过努力是可以满足的，给人带来良性心理压力，可以推动人朝着幸福的方向发展。

（二）调整供给

根据幸福方程式可知，当需求不变的时候，供给越多，幸福指数越高。比如，孩子希望父母每天陪他的时间是 30 分钟，如果家庭条件允许，父母可将陪伴时间增加到 40 分钟，那样孩子肯定是越来越满意的。当然，供给也不能无限放大，当它超过需求可承受的量时，就会出现反作用。比如，父母一刻不离地陪伴在可以独立玩耍的孩子旁边，孩子也会感到腻烦的，因为他需要独立的空间和时间。

财富就是满足人们生活需求的供给，所以人们不断地追求财富，以获得更多幸福。但是在追求财富的过程中，财富追求又变成了新的需求，而它会受到环境和自身条件的制约，因为不是想要多少财富就可以创造多少财富的，此时供给与需求形成矛盾，产生了新的烦恼。因此，供给越少幸福指数越低是对的；反过来，供给越多幸福指数越高也是对的，但这是有条件的，即在创造新的财富过程中，不产生新的烦恼就可以。

其实现实生活中供给也不是越多越好，而是要适当。比如，我以前是一个贫困家庭的孩子，1996 年大学毕业时两手空空，需要财富来满足自己的生存需求、生活需求。当时我是公务员，每个月的工资收入比较可观，因此当时的我过着非常满足的幸福的生活。后来下海经商，经过多年打拼，获得了一定数量的财富，除了生活开销外，还有了一定数量的资产。如今 CPI 上涨，货币贬值，投资风险大，多年的心血有可能一不小心回到解放前，因此整天为财富保值、增值操心。如果不做资产管理，资产有可能贬值；如果做资产管理则有可能投资失误，搞得整天忧心忡忡。观察身边更富有的人，我发现他们在经济上行时期，天天欢声笑语，而一旦经济下行则愁眉苦脸。然而我也有很多朋友，虽然他们财富不多，但也够花，既不考虑房价涨跌，也不考虑股市冷暖，反而过得清闲自在，幸福指数也较高。

（三）调整满足关系

生活中我们经常看到人们一边拼命地追求财富，以便获得更多生活供给，一边又存在着各种各样的需求，但又努力节制自己的需求，结果供给是供给，需求是需求，供给与需求之间并没有发生满足关系，需求没有得到满足，财富也没有体现价值，这样再多的财富都是无效的。比如，农村的老人们在世时通常过着节俭的生活，有钱舍不得花；过世后，翻开其床垫，有时会发现一笔数目可观的钱。又如，社会上大龄单身男青年和女青年很多，如果他们相互之间不发生满足关系，他们只能是两个大龄群体，无法享受家庭生活带来的幸福感。

如果将供给方富余的资源同需求方渴望的资源进行满足关系对接，供需匹配，双方都实现了满足。因此，调整供给与需求之间的满足关系，也是实现幸福的重要途径之一。

二、管理情绪情感

从幸福方程式可看出，无论方程式的左边供给、需求、供求关系之间如何发生变化，最后都会影响方程式右边的幸福，而幸福的本质是情绪体验，那我们可不可以直接调整情绪情感呢？当然是可以的。

幸福驱动力已经分析出当人充满着幸福感、幸福情和幸福生活方式时，人会对自己的生活充满热爱。如果受到生活中事件的触发，不管供给满不满足需求，人都容易看到生活中令人满足的事件，大脑会启动奖赏机制，分泌多巴胺、血清素等神经递质，让人获得精神满足感或价值满足感，从而使人身体放松，产生生理满足感，“三感统一”正向，人会变得幸福。因此，管理好情绪情感，是实现幸福的重要途径。

管理情绪情感有多种方法和途径，在情绪管理过程中，经常使用环境转换法、注意力转移法、信念调适法、身体放松法、适度宣泄法、运动调适法等。我们针对常用的几个方法进行了研究。

（一）环境转换法

环境转换法是心理调适的一种重要方法，当环境不满足需求时，通过转换环境，选择能够满足自己需求的环境，达到供给满足需求的目的，从而产生想要的正面情绪体验。比如，在办公室待太久了，会让人很憋闷，情绪低落；如果这样的话，我们可以换个环境，到户外走走，晒晒太阳，呼吸一下新鲜空气，人的情绪很快会得到恢复。

如果客观环境无法改变，也可以转换主观环境，通过回忆、想象等方法，选择合适的虚拟场景（供给）来满足自己的需求。比如,《红岩》里的江姐被关在监狱里，无法自由转换客观环境，但她的内心是自由的，她在监狱里绣红旗，想象着全国解放的景象，她的需求得到了主观供给的满足，内心无比幸福。

环境转换法的本质是调整供给，供给可以是客观的，必须努力去寻找；也可以是主观的，可以用心去回忆或想象。

（二）注意力转移法

注意力转移法是人在认识事物的过程中，把注意力放在事物的某一点上，可是该点并未满足需求，让人产生了不良情绪。要想获得良好情绪，可以把注意力转移到事物的优点上，此时新的供给能够满足需求，从而引发正面的情绪体验。

注意力转移法的本质也是调整供给，当供给无法改变时，我们可以通过调整注意力，发现满足需求的新供给。新供给可以是客观存在的，也可以是主观想象的。

（三）信念调适法

信念调适法就是根据现有的信念来判断事物的属性与价值（供给）是否满足需求，如果原有的信念评判无法满足，那就可以改变信念，直至其需求得到满足为止，从而产生正面的情绪体验。比如，我初中毕业考师范时，超过录取线 79 分，结果因为语文只得了 62 分而没被录取，当时懊悔不已；直到后来考上大学之后，我又非常庆幸当时没被录取。

信念调适法的本质是调整供求关系，当然供求关系包含客观的供给与客观的要求、客观的供给与主观的需求、主观的供给与客观的要求、主观的供给与主观的需求四种。

（四）身体放松法

身体放松法就是当人处于紧张状态时，肌肉绷紧，精神专注，很容易造成身心疲劳，难以产生生理快感，更难以产生心理愉悦感和满足感。如果身体放松，精神状态自然，便很容易产生心理愉悦感和满足感。因此，学会保持身体放松是获得幸福感的一个重要方法，比如洗一个热水澡、听听音乐等。

身体放松法本质上是根据幸福状态的身心客观要求，调整客观供给。

当然，情绪管理还有很多种方法，但归根到底，其本质都是通过调整客观、主观的供给，调整客观的要求、主观的需求，或

表 4–1　情绪管理方法比对表

本质 方法	调整供给	调整需求	调整供求关系
环境转换法	★		
注意力转移法	★		
信念调适法		★	★
身体放松法	★		

者调整主客观供给与主客观需求之间的关系，最终使供给达到满足需求的状态。因此，管理情绪情感的本质仍然是调整供给、调整需求、调整供求关系，这对幸福管理有着直接的作用。

第二节　参考现代科学理论

一、参考供求理论

到目前为止，研究供求关系的理论大多集中在经济学、社会学的范畴，主要有两大流派：一是马克思提出的供求理论；二是新古典经济学的供求理论。

（一）马克思关于供求理论的主要观点

1. 供求关系是商品经济的基本关系

马克思指出："在货币市场上，互相对立的只是两个范畴：买者和卖者，需求和供给。"[①] 商品经济的许多范畴都可以统一到供求关系之中。

---

①《马克思恩格斯全集》第三十五卷，人民出版社 2013 年版，第 315 页。

2. 供给和需求只是一个问题的两个方面

处于对立地位的供给和需求很难分清。从不同的角度说，供给就是需求，需求就是供给。属于增加供给的生产活动同时增加了对生产资料的需求，和由于增加对劳动的需求而增加了对消费资料的需求。换言之，生产中的生产需求也可以说是供给。

3. 供给和需求均由生产决定

供给和需求都由生产产生，但二者在量上没有必然的联系，真正的联系是社会必要劳动时间。“总劳动中社会用来生产这种物品的部分，也就是这种物品的生产在总生产中所占的数量，和另一方面，社会要求用这种物品来满足的需要的规模之间，没有任何必然的联系，而只有偶然的联系。”① 这说明供给和需求同由生产决定，但供给和需求不必然任何时候在量上都相等。

4. 供求关系不决定价格，但影响价格的波动

供求关系虽然是商品经济的基本关系之一，但它对商品经济的本质关系——价值关系，却没有决定作用。它只作用于价值的表现形式——价格。价格随着供求关系上下波动，价格与供求是互动关系，供求的不平衡在“互动”作用下有自动消除不平衡的趋势。

5. 供求关系的社会性和阶级性

供求关系的社会性是生产关系社会性质的表现。生产方式既决定了供给方式和供给结构，这个结构又直接影响着需求结构。“供求还以不同的阶级和阶层的存在为前提，这些阶级和阶层在自己中间分配社会总收入，把它当作收入来消费。”②

---

①《马克思恩格斯选集》第二卷，人民出版社 1995 年版，第 440 页。

②《马克思恩格斯文集》第七卷，人民出版社 2009 年版，第 217 页。

（二）新古典经济学供求理论

新古典学派在古典经济学庸俗供求论的基础上发展了供求理论，不但把供求理论发展为均衡价值论，还把供求关系数量化、数学化，使之成为西方经济学的“万能”分析工具。

1. 需求理论

西方经济学把“需求”摆在首位，该理论认为，决定需求的因素主要有五个：第一，市场价格；第二，平均收入水平；第三，市场规模；第四，该商品的替代品情况，包括数量、品种和价格；第五，消费者的选择偏好。一般假定除价格外的其他因素在一定时期和地方是相对稳定不变的，所以需求被简化成商品数量与价格的函数关系，即需求量随价格的变动而变动。正常商品的需求量与价格呈反比例变化（图 4–2）。

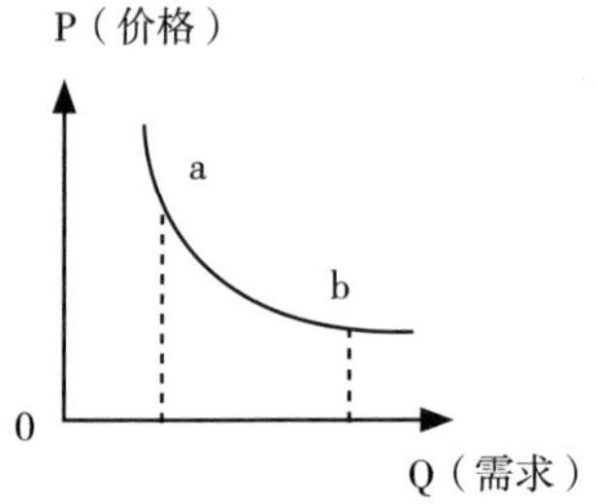

图 4–2　需求曲线

用横坐标表示需求量，纵坐标表示市场价格。由于需求量与市场价格成反比，所以需求曲线是一条由左上向右下倾斜的曲线。

需求曲线向右下方倾斜是由边际效用递减规律决定的。最先购买的一个单位的商品效用最大，所以消费者愿意出较高的价格，以后每增加一个单位，其边际效用便递减一些，当数量很大时其边际效用就非常小了。当个别消费者同时消费几种商品时，在可支配收入的约束下，他们会在几种商品中按照边际效用递减规律进行选择。当消费每种商品的最后一个单位商品的效用相等时，消费者总效用最大。消费者的这种总效用最大化行为构成“消费者均衡”。

2. 供给理论

决定供给的因素也有好几种：第一，市场价格。第二，生产成本。生产者之所以供给商品是为了赚取利润。利润是收益与成本的差额。在价格一定时，成本越低，利润率越高，生产者愿意供给的商品量也越大，反之则越小。第三，生产要素的价格，它与生产者愿意供给的商品量呈反比例关系。第四，其他商品价格的变化。其他商品价格高些时会促使生产者转产别的领域；其他商品价格低时会促使别的领域向本领域转产。此外，自然灾害、战争等突发事件往往使供给减少。

与需求类似，一般假设其他因素相对不变，只有市场价格随供给变动。正常商品价格与供给量呈正比例变化，价格越高供给量越大，价格越低供给量越小（图 4–3）。

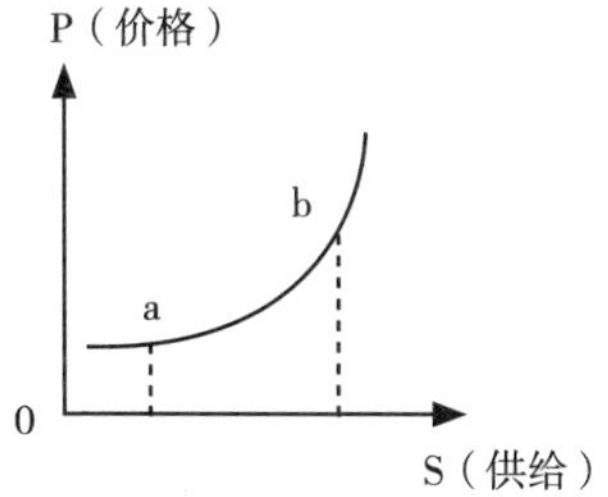

图 4–3　供给曲线

由于供给量与市场价格成正比，所以它是一条从左下向右上方倾斜的曲线。个别生产者的生产行为在可投入资本量的约束下，按利润总量最大化原则决定投资规模大小。由于受制于边际收益递减规律，生产者选择在边际收益等于边际成本的点上停止。这就是所谓的“生产者均衡”。

3. 市场均衡

同时分析需求和供给情况，将需求曲线和供给曲线置于同一坐标系内（图 4–4），两条曲线的交点就是市场均衡点。均衡点对应的价格就是市场均衡价格。换言之，均衡价格由需求曲线和供给曲线共同决定。均衡价格对应的产量是均衡产量，即需求等于供给的产量。如果生产在非均衡点进行，则价格会高于或低于均衡价格。

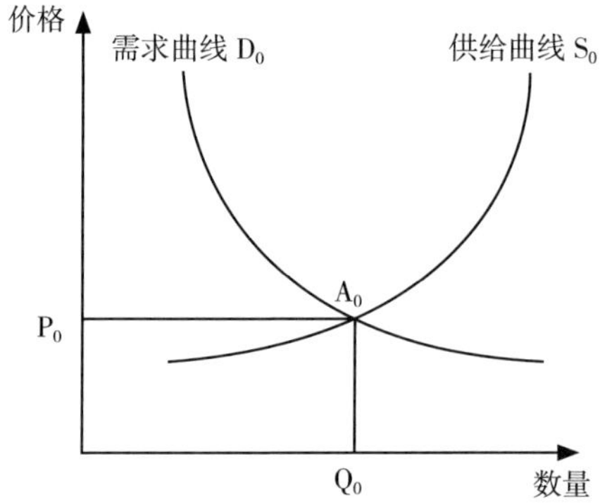

图 4–4　供求均衡曲线

（三）借鉴供求理论的精髓

马克思明确指出了供求关系的性质、相互联系及与其他经济范畴的关系，并指出了供求关系在经济关系中的重要地位，为我们幸福方程式中的供求关系指明了方向。

新古典经济学供求理论，包括需求理论、供给理论、供求均衡理论等，从描述经济现象运动的角度研究了供求的分别运动和互动的规律，以及供求关系与其他经济关系的作用和反作用，解释了供给和需求本身的形成机制和二者的均衡条件，一定程度上揭示了供求关系的联系和规律，使供求分析成为一套分析经济现象的工具，从而建立了一套完整的供求理论体系。但因它并未从需求、供给的产生和性质的角度进行解释，所以仍然存在着不足。

两个供求理论流派各有各的优点，也都存在不足，我们充分吸收了它们的优点，弥补了它们的不足，为我们提出新的幸福观奠定了理论基础。

二、参考协同理论

“协同”一词来自古希腊语，或曰协和、同步、和谐、协调、协作、合作，是协同学的基本范畴。《说文》提到：“协，众之同和也。同，合会也。”所谓协同，就是指协调两个或者两个以上的不同资源或者个体，和谐一致地完成某一目标的过程或能力。

（一）协同论的概念

协同论主要研究远离平衡态的开放系统在与外界有物质或能量交换的情况下，如何通过自己的内部协同作用，自发地出现时间、空间和功能上的有序结构。

协同论以系统论、信息论、控制论、突变论等为基础，吸收了结构耗散理论的大量营养，采用统计学和动力学相结合的方法，通过对不同领域的分析，建立了一整套的数学模型和处理方案，在微观到宏观的过渡上，描述了各种系统和现象中从无序到有序转变的共同规律。

（二）协同论的内容

1. 协同效应

简单地说，协同效应就是“1+1>2”的效应，是指两种或两种以上的组成部分相加或调配在一起，所产生的作用大于各种组成部分单独应用时作用的总和。

对千差万别的自然系统或社会系统而言，它们中均存在着协同作用。协同作用是系统有序结构形成的内驱力。对于任何复杂系统，当在外来能量的作用下或物质的聚集态达到某种临界值时，其子系统之间就会产生协同作用。这种协同作用能使系统在临界点发生质变产生协同效应，使系统从无序变为有序，从混沌中产生某种稳定结构。协同效应说明了系统的自组织现象这一观点。

比如，抗日战争初期，由于外敌入侵，国民党军队一溃千里，有的部队为了保命仓皇逃跑，有的为了荣华富贵投敌做了伪军，有的为了救国救民而坚持抵抗，整个国家陷入一片混乱。过了一段时间，逃跑的部队并没有保住自己的实力，做伪军的部队也没有得到自己想要的荣华富贵，而且可能丢掉了自己的性命。在国家陷入危险的时刻，各种力量为了生存而被迫发出最后的吼声，逐步凝聚在一起，放弃内部斗争，形成统一战线，一致对外，便产生了巨大的社会协同效应。

2. 伺服原理

伺服原理用一句话来概括，即“快变量”服从“慢变量”，序参量支配子系统的行为。它从系统内部稳定因素和不稳定因素间的相互作用方面描述了系统的自组织过程。

比如，在抗日战争中，为了荣华富贵、卖国求荣，这属于“快变量”；为了自己、为了家人、为了民族、为了国家的生存，所有人的思想都统一起来了，这里的生存其实就是“慢变量”。

3. 自组织原理

自组织是指系统在没有外部指令的条件下，其内部子系统之间能够按照某种规则自动形成一定的结构或功能，具有内在性和自生性特点。自组织原理解释了在一定的外部能量流、信息流和物质流输入的条件下，系统会通过大量子系统之间的协同作用而形成新的时间、空间或功能有序结构。

（三）协同论的适用范围

协同论既适用于物质界，又适用于意识界，具有普适性特征。其使命并不只是发现自然界中的一般规律，而且在自然界与意识界之间架起了一座桥梁。

（四）协同是现代管理发展的必然要求

协同论告诉我们，系统能否发挥协同效应是由系统内部各子系统或组成部分的协同作用决定的。协同得好，系统的整体性功能就好。如果一个管理系统内部的人、组织、环境等各子系统以及他们之间相互协调配合，共同围绕目标齐心协力地运作，那么就能产生 1+1>2 的协同效应。反之，如果一个管理系统内部相互掣肘、离散、冲突或摩擦，就会造成整个管理系统内耗增加，系统内各子系统难以发挥其应有的功能，致使整个系统陷于一种混乱无序的状态。

正因这种普适性，协同论被引入现代管理研究中，对现代管理理论的发展以及对解决现实管理领域中的问题具有启迪意义，为其提供了新的思维模式和理论视角。

1. 序参量是现代管理中的主导因素

序参量是协同论的核心概念，是指在系统演化过程中从无到有的变化，影响着系统各要素由一种相变状态转化为另一种相变状态的集体协同行为，并能指示出新结构形成的参量。因此，在现代管理中，尽管影响管理系统的因素很多，但只要能够区分本质因素与非本质因素、必然因素与偶然因素、关键因素与次要因素，找出其中起决定作用的序参量，就能把握整个管理系统的发展方向。因为序参量不仅主宰着系统演化的整个进程，而且决定着系统演化的结果。

序参量概念为现代管理提供了新的理论视角，解释了系统如何在临界点上发生相变以及序参量如何主导系统产生新的时间、空间或功能结构。序参量的特征决定了它是管理系统发展演化的主导因素，只要在管理过程中审时度势，创造条件，通过控制管理系统外部参量和加强内部协同，强化和凸显我们所期望的序参量，就能使管理系统有序、稳定地运行。

2. 自组织是管理系统自我完善的根本途径

协同论的自组织原理旨在解释系统从无序向有序演化的过程，实质上就是系统内部进行自组织的过程。协同是自组织的形式和手段。由此可见，现代管理系统要想从无序的不稳定状态向有序的稳定状态发展，实现自我完善和发展，就要通过自组织这一根本途径。

当然，管理系统要实现自组织过程，就必须具备自组织实现的条件。首先，管理系统必须具有开放性，能与外界进行物质、能量和信息的交流，确保系统具有生存和发展的活力；其次，管理系统必须具有非线性相干性，内部各子系统必须协调合作，减少内耗，充分发挥各自的功能效应。

协同论所揭示的结构形成的一般原理和规律，不仅为我们研究自然现象，而且为我们研究生命起源、生物进化、人体功能乃至社会经济文化的变革等一些复杂性事物的演化发展规律提供了新的原则和方法。同时，协同论对揭示无生命界和生命界的演化发展具有普适性意义。

协同论作为一门以研究不同学科中共同存在的本质特征为目的的系统理论，被引入幸福管理范畴，对供给、需求以及两者关系进行协同管理，对幸福的引导有着特别重要的意义。

第三节　借鉴儒释道供求协同思想

供求协同是一个既新颖又古老的原理与法则，是阴阳之道在宇宙之间的具体运用。

之所以新颖，是因为这是我们第一次将“供求理论”和“协同理论”组合在一起，形成一个全新的理论，将事物的微观调谐过程（供求理论）和宏观调谐过程（协同理论）相结合，更全面地揭示了事物的本质规律。

之所以古老，是因为我们在研究中国传统文化的时候发现，无论是儒家、佛家还是道家，他们都在研究幸福管理，只是角度不同，而且强调“供求协同”的原理和法则。儒家强调人与社会的关系和谐，强调社会供给和人心需求之间的协同发展；佛家强调人与自己的关系和谐，强调的是自我供给与自我需求之间的协同发展；道家强调人与自然的关系和谐，强调自然供给和人心需求之间的协同发展。难怪孔子感叹：“中庸之为德也，其至矣乎！”若想得到幸福，人与自己、与自然、与社会之间都要遵循的原理法则当然是德之至了。从这个角度看，我们是继承了儒释道文化的精髓。

一、儒家的供求协同思想

儒家思想是先秦诸子百家学说之一，由孔子创立。它是中国最有影响力的流派，也是中国古代的主流意识。虽然儒家当时没有提出供求协同的思想，但是从儒家对待欲望、财富、情绪及其供求关系的态度来看，他们是提倡供求协同的。

（一）儒家对欲望的态度

孔子在《礼记》里讲：“饮食男女，人之大欲存焉。”意思是，凡是人的生命，不离两件大事——饮食、男女。一个是生活的问题，一个是性的问题。孟子继承了孔子的这个观点，提出：“食、色，性也。”儒家王道政治的指标，一是使民养生丧死无憾，不会饥馑穷死于沟壑；二是令男女婚配及时，国无旷男怨女。然而这种满足又是有“度”的，过度叫作“淫”。男女欲求过度或饮食太过都会生病，反而伤身，故为儒家所反对。

许多人对所谓“人欲横流”有一种莫名的恐惧，因而想方设法要压制人欲，堵截人欲，而不是积极满足人欲。但是以孔子、孟子为代表的早期儒学思想，并没有视人欲为洪水猛兽。相反，他们认为人欲恰恰是人性的重要组成部分，满足人欲是理所当然的。其实，“人欲横流”正是人类生生不息的根本动力，人类进步的历史就是不断以合理公正的方法来满足人欲的历史。《周易·系辞下》：“天地之大德曰生。”离开了人欲就没有什么“生”，只有死。不过在无限的人欲和有限的资源之间，存在着不可克服的矛盾，因此儒家又主张适当节欲。

（二）儒家对财富的态度

财富，古代儒家称其为“富”，也称“利”。《论语·子路》载：子谓卫公子荆：“善居室。始有，曰：‘苟合矣。’少有，曰：‘苟完矣。’富有，曰：‘苟美矣。’”意思是：孔子说卫国的公子荆善于管理家业，刚有一点财产，孔子就说：“实在是足够了。”稍微增加一些财富，孔子又说：“这实在是太完备了。”当他富裕的时候，孔子就说：“这实在是太美好了。”孔子的态度——合、完、美，合是足够，完是完备，美是相当美好。财富越多，孔子的评价也越高。这说明孔子是支持、赞美富裕的，财富是美好的。这反映了孔子对财富的基本看法。

有些儒家人物认为，好义与欲利是人的天性，也是必需的。如荀子说："'义'与'利'者，人之所两有也。虽尧舜不能去民之欲利，然而能使其欲利不克其好义也。"(《荀子・大略》）董仲舒也说："天之生人也，使之生义与利。利以养其体，义以养其心。"(《春秋繁露・身之养重于义》）荀子和董仲舒都肯定了"好义"与"欲利"，只是提出"利不克其好义"，即财富适度不能影响人的"义"，一旦超过，就可能破坏人际关系，引来很多麻烦，其结果可能是丧失更多的利。为了社会和谐，也为了自己生活得更好，儒家主张要重义轻利。因此，董仲舒说："义之养生人，大于利而厚于财也。"义对于人来说，比财富更重要。

儒家对财富的态度具有两面性：一方面认为财富首先是美好的，或者说其本身是美好的；另一方面认为，如果它被无知无德所歪曲、利用了，就成了丑陋的东西。对财富应持何种态度，要具体情况具体分析，一是看财富是如何挣来的，君子爱财，取之有道；二是看财富是如何使用的，用之于义，利与义要相协同。

（三）儒家对情绪的态度

孔子评论《关雎》："乐而不淫，哀而不伤。"从这个角度看，孔子是注重情绪适度表达的，而不是过度表达。《礼记・中庸》："喜怒哀乐之未发，谓之中；发而皆中节，谓之和。中也者，天下之大本也；和也者，天下之达道也。致中和，天地位焉，万物育焉。"儒家强调情绪要"中和"，即情绪应尽量处在中（平静）的状态，一定要生起，则首先要中节，即要符合人的需求或环境的要求，又要节制情绪的强度，不要过度。

（四）儒家对供求关系的态度

儒家对财富（供给）满足欲望（需求）是提倡的，但有个条件，那就是不能偷、不能抢、不能去攫取非分的东西，这样才能酒食贞吉。《周易 · 易经上 · 需》："需，须也，险在前也，刚健而不陷，其义不困穷矣！"

儒家在对财富满足欲望的态度上提倡"中庸之道"。中庸的"中"指的是中间，即当一个事物本质不发生改变时的两个极端之间，而非两个极端的正中间；"庸"指的是用。"中庸"即"中用"，指做事时要注意在两个极端中间走，不要过度，也不要不及，待人接物要保持中正平和，因时、因地、因事、因物制宜。比如说，我们饿了要吃饭，没得吃不行，但是吃多了也不行，所以儒家提出了过犹不及的思想。这种不偏不倚的方式延伸到待人处世各个方面，就形成了一套规律，这便是"中庸之道"（图 4–5）。

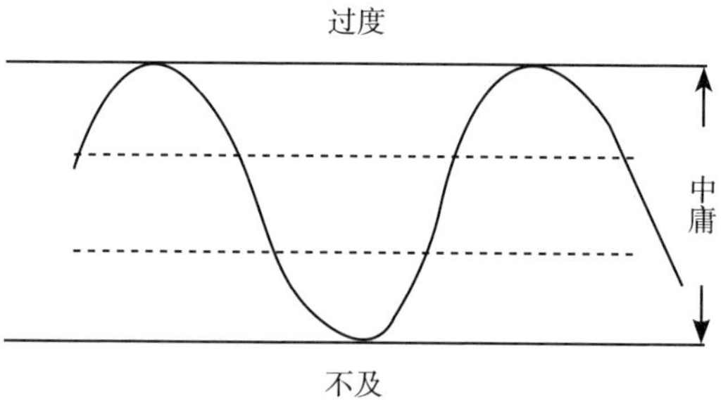

图 4–5　中庸之道

下面以开车为例来说明中庸之道。我们在一条多车道的高速公路上开车，有些人喜欢一直沿着超车道走，从头走到尾，这就是人们常说的"左倾路线"；有些人喜欢沿着慢车道走，从头走到尾，这就是“右倾路线”，还有一些人喜欢沿着中间车道走，从头走到尾，这就是“折中路线”。这种从头至尾不改变路线的开车方法，是人的极端思维和习惯思维所致，令人感到可笑，但在工作中人们却经常犯类似的错误。

那么中庸之道认为应该如何做呢？其实很简单，如果路途通畅，沿着其中一条路直走到底没有问题；如果出现塞车或路障，就应该根据需要随时调整路线，换道而行，也就是说左中右三条道我们都可以走；而现实生活中很多人不是这样的，不管所走的路线是否顺畅，他们只知道沿着自己喜欢的、熟悉的、习惯的路线坚持到底，一条道走到黑。

在幸福管理过程中，我们知道有欲望（需求）管理、财富（供给）管理和情绪管理三条通道，它们同样要遵循中庸之道。如果在一条通道上走得很顺畅，可以继续。但如果这条通道走得不顺畅，而另外两条通道顺畅，为什么不换车道呢？如今，世界经济下行，很多传统行业衰退，这个时候你还想像前些年一样，高速扩张自己的企业，以增加财富，往往是行不通的。因为这个时候财富管理之道不顺畅。那该怎么办？那就尝试走走欲望管理、情绪管理之道。而当财富管理之道通畅的时候，又可以回到财富管理之道上来，这就是科学的中庸之道。

供求协同遵守中庸之道。供求协同的根本目标是多生产幸福，不断地提高人的幸福指数。当需求确定时，应以需求为“中”，供给则可以围绕着需求上下波动，但是供给不能超过需求方的承受范围。比如当供不应求时，如果供给与需求差距不大，形成良性心理压力，则可以推动人的良性发展；如果供给与需求差距太大，超过其能力和环境支持的范围，则转化成恶性心理压力，因此，供给不能过少，也不能过多。当供给确定时，以供给为“中”，需求则可以围绕着供给波动，通过心理调适，调整需求在供给方的承受范围，这样可以形成幸福驱动力。

供求通常都是变动的，按上述两种方法，供求可以交替运行，但是供求之间的差距都应该在供求双方的承受范围之内。我们应该根据环境条件和自身状况，灵活调整供求关系，以促进供求关系层次不断优化升级。

可见儒家讲究不走极端，不偏不倚，不左不右，走中庸之道，是非常符合供求协同思想的。

二、佛家的供求协同思想

佛教产生于公元前 5 世纪的古印度。创始人名为悉达多 · 乔达摩，20 岁时离家成道，此后被尊称“佛陀”，意为觉悟者，简称“佛”，所传宗教被称为“佛教”。佛家对欲望、财富、情绪和供求关系的看法，同样包含了供求协同思想。

（一）佛家对欲望的态度

1. 戒贪、嗔、痴

贪、嗔、痴为三毒，又称“三垢”“三火”。此三毒残害身心，使人沉沦于生死轮回，为恶之根源，故又称“三不善根”。贪，对顺境喜欢甚至引起贪爱，非得到不可，否则，心不甘情不愿。嗔，对逆境讨厌甚至生出嗔恨，没有称心如意就发脾气，不理智，意气用事。痴，不明白事理，是非不明，善恶不分，颠倒妄取，起诸邪行。戒贪、戒嗔、戒痴是佛家要求人们对欲望不要过度，欲望与环境要协同。

2. 放下妄念

佛家经常说“放下妄念”，即放下不切实际或不正当的念头。人会有很多欲望，但有些欲望是在现实环境条件下不能实现的；有些虽然可以实现，但是违背道德、法律。这些念头如果持续存在，不仅无法实现，即使实现了，也有可能遭受法律制裁或道德谴责，会让人产生无尽的烦恼。放下这类念头是智慧的抉择。

（二）佛家对财富的态度

1. 财有净财

《戒经》告诉我们，在家居士要依道取财、依道用财。比如做生意赚三分利，一分作为家庭生活用，一分拿来扩充事业，一分则供养三宝、修世间善。如果能做到这样，金钱就是金龙了。由此可以看出佛家强调依道获得财富、使用财富，此时的财富属于纯净的财富，是佛家所鼓励的。

2. 财如毒蛇

有一次，释迦牟尼佛和他的弟子阿难在舍卫国的旷野中行走，看见有一堆金子埋藏着。释迦牟尼佛对阿难说："这是大毒蛇。"阿难也回应道："这是恶毒蛇。"这时，田里有一个农夫在耕种，听见释迦牟尼佛和阿难说有毒蛇，就去看看。他走到那里一看，原来是一堆黄金。他心生贪念，把黄金拿回家去，从此他就变成了富翁。后来，国王知道了这件事，就把他关在监狱里。他从前所得的黄金，到这时已经全用完了，但是还不能免去刑罚。他真是悔恨极了，不禁叫喊着说："大毒蛇啊，恶毒蛇啊。"国王听见了，觉得他说的话不伦不类，很是奇怪。于是传讯他："你为什么喊毒蛇呢？"这个农夫对国王说道："我从前在田里耕种，本来可以安闲度日。有一日，听见佛和阿难说有毒蛇，我去一看，原来是黄金，不禁贪欲心起，拿归家中。今日想来，这黄金原来真是毒蛇啊！当初以为自己得到了好处，今日反因此而苦恼。佛说的话真实不虚呀，从此往后，我将对佛法倍增信敬之心。”

由这个故事可以看出，佛家反对不义之财和贪婪之财，因它们犹如毒蛇，是不可取的。

（三）佛家对情绪的态度

佛家认为人生本来就是苦的，凡是有为有漏之法莫不皆含苦性，故佛经中说有无量众苦，但就身心顺逆缘境，共有三苦、八苦。三苦，从其逆缘苦恼，正受苦时，从苦生苦，名苦苦；从其顺缘苦恼，安乐离坏时而生苦恼，名坏苦；生老病死刹那变异而生苦恼，即名行苦。八苦：即生、老、病、死、爱别离、怨憎会、求不得和五盛阴苦。外有寒热饥渴等苦恼之身苦，内有烦恼之心苦，诸苦皆归苦谛所摄。

集谛是指造成苦的原因。即积聚二十五有苦果之因，一切众生，无始以来，由贪、嗔、痴等烦恼，造积善恶业因，能招感三界生死等苦果。

灭谛又名尽谛，就是消除痛苦原因的方法，即灭二十五有，寂灭涅槃，尽三界结业烦恼，永无生死患累。

道谛即通过分析苦形成的原因，寻找消除痛苦的方法，达到离苦得乐，究竟涅槃的目的。也就是通过修戒定慧通向涅槃之道。

（四）佛家对供求关系的态度

佛家处世坚持中道。佛家中道即离开二边之极端、邪执，不偏于任何一方的中正之道。释迦牟尼佛开始修道便选择极端苦行，六年不成，后放弃；而在不苦不乐的环境中，他静下心来，深入大智慧，思维真理，彻悟宇宙人生实相。他说：“身在苦中，心则烦恼，身在乐中，心则放逸，极端苦乐皆非成道之因。”苦乐是极端，取其中是中道；善恶是极端，取其中是中道；贪舍是极端，取其中是中道；劳逸是极端，取其中是中道；等等。

可见，佛家对待人生的态度是坚持“中道”原则，不主张走极端，是符合供求协同思想的。

三、道家的供求协同思想

道家是一种思想流派，最早可追溯到上古时期。春秋时，老子集古圣先贤之大智慧，总结了古老的道家思想的精华，形成了道家完整的系统理论，标志着道家思想正式形成。其学说以道为最高哲学范畴，认为道是世界的最高真理，道是宇宙万物的本源，道是宇宙万物赖以生存的依据。从道家对待欲望、财富、情绪以及供求关系的态度来看，道家也是赞成供求协同思想的。

（一）道家对欲望的态度

1. 少私寡欲

《老子》第十九章：“故令有所属：见素抱朴，少私寡欲，绝学无忧。”道家主张求道悟道、少私寡欲、济世度人，认为人生的价值在于提高生命存在的境界，而不是满足各种物质欲望；人生的意义在于奉献，而不是索取；人生应该多一些精神追求，少一些物欲放纵；多做行善积德之事，少做损人利己之事。

2. 知足不辱

《老子》第四十四章：“名与身孰亲？身与货孰多？得与亡孰病？甚爱必大费，多藏必厚亡。故知足不辱，知止不殆，可以长久。”第四十六章：“天下有道，却走马以粪；天下无道，戎马生于郊。祸莫大于不知足，咎莫大于欲得。故知足之足，常足矣。”

道家以节俭为荣，以奢华为耻。人应该以满足基本需要为目标，而不应该对财富贪婪奢侈。财富是有限的，而人的欲望是无穷的。为了缓和这一矛盾，人们在谋取利益的时候必须有所节制。只有懂得“知足”“知止”，才能维持人与人、人与社会、人与自然的和谐关系，才能“常乐”和“不殆”。

（二）道家对财富的态度

1. 君子爱财，取之有道

道家主张“君子爱财，取之有道”，他们对人们追求财富的愿望是予以肯定的，对以正当手段得来的财富是赞赏的。但是，道家特别强调不能取不义之财。

2. 戒贪、节俭

《初真十戒》的第七戒：“不得贪求无厌，积财不散，当行节俭，惠恤贫穷。”道家在财富方面的告诫：一是对财富的追求要适可而止，不可贪得无厌；二是即使富裕了，也要节俭；三是要扶危济困，不能为富不仁。这就是要求人们对待财富与欲望要协同。

（三）道家对情绪的态度

“太上忘情”：忘情而至公，得情忘情，不为情绪所动，不为情感所扰。天之至私，用之至公。命之制在气。死者生之根，生者死之根。恩生于害，害生于恩。愚人以天地文理圣，我以时物文理哲。

天道无情，太上忘情。两者都是抛弃一切之情，但天道为无情，人道为有情，不可同语。忘情并非无情，因人是有情生物，情是人的本性，他们只是让人尽量做到好像忘记还有情的状态。

（四）道家对供求关系的态度

道家崇尚自然，处世时遵守“阴阳之道”。阴阳之道有辩证法的因素和倾向，主张清静无为，反对斗争；提倡道法自然，无所不容，自然无为，与自然和谐相处。道家中道是中国文化中的一个基本理念，即适中的意思。

道家经典《庄子》中有这样一段话：“鸟莫知于鷾鸸……其畏人也而袭诸人间，社稷存焉尔！”鷾鸸，就是燕子。这段话是说，没有哪种鸟儿能够像燕子那样智慧，接下来他列举了三个理由，最后一个理由说燕子懂得选择与人类的最恰当距离，于是燕子就把窝建在人类屋舍的房梁之上，这种不远不近的距离能让彼此相安无事。

从以上几个方面来看，道家提倡供求协同思想，当然更多的是抑制“求”，他们认为获得基本的生存需求即可，要懂得知足常乐，而不是过分追求供给的富足。

四、儒释道供求协同思想比对

我们对传统文化思想进行梳理，会发现儒释道三家均从欲望、财富、情绪以及供求关系四个角度对人生进行管理，但各家的侧重点不一样。

儒家主张以人为本，积极有为，追求财富，修齐治平，止于至善，内圣外王，主要从追求财富的角度实现幸福人生；欲望上主张节制和适度；处世态度上主张“中庸之道”。

佛家认为人生本来就是苦的，主张通过戒、定、慧的修炼，实现离苦得乐的目的，让人得以解脱，经过修炼，可以成佛，主要从情绪管理的角度实现幸福人生；欲望上主张戒贪嗔痴；财富上主张净财；处世态度上主张“中道”。

道家主张清心寡欲、知足常乐、致虚守静，无为不争，可以成仙，主要从欲望管理的角度实现幸福人生；财富上主张生财有道、节俭等；情绪上主张平静；处世态度上主张“阴阳之道”。

表 4–2　儒释道供求协同思想比对表

途径 / 派别	欲望管理	财富管理	情绪管理	关系管理
儒	★★	★★★	★	★★★
释	★★	★	★★★	★★★
道	★★★	★★	★	★★★

备注：★★★代表重点　★★代表次重点　★代表一般

综合本节，我们在儒释道三家供求协同思想的指引下，提出了供求协同幸福理论，逐步进入了幸福研究的高潮。

第四节　创立供求协同理论

本章前三节分析了实现幸福的途径，参考了供求理论和协同理论，并分析了儒释道三家的供求协同思想，发现供求与协同之间的关系，在此基础上我们创立了供求协同理论。

一、创立供求协同理论

供求理论告诉我们，供给与需求是两个独立的运动系统，供求管理主要是从单个系统的角度，对供给、需求和供求关系进行管理。但现实中会涉及多个系统共同运作，单纯的供求理论无法解决多个系统共同运作的问题。

协同理论主要研究远离平衡态的开放系统，在与外界有物质或能量交换的情况下，如何通过自己内部的协同作用，自发地出现时间、空间和功能上的有序结构。协同理论描述了各种系统从无序到有序转变的共同规律，但无法解决单个系统内部运作的问题。

根据“方法论系统”中的“拆分法”，可以将系统中的所有事情——无论多么复杂——拆分成多个单一的供求关系，适用于供求理论；根据“合并法”，又可以将无数个单一供求关系，合并成一个或多个系统，适用于协同理论。

供求是原因，协同是结果；供求是过程，协同是状态。遗憾的是人们只看到了“供求理论”和“协同理论”的各自特性，而忽略了两者之间的联系和整体性，它们从不同的角度解决了同一件事情的两个不同层面的问题。根据以上分析，我们将“供求理论”和“协同理论”有机地结合在一起，创造性地提出“供求协同理论”。

在供求协同关系中，当把人的主观需求扩展至客观要求时，我们发现供求关系变成了人与人、物与物、人与物之间的关系，包含了宇宙中的一切事物，因此“供求协同理论”具有普适性，是自控调谐律的具体表现，是阴阳理论的具体应用，是微观世界与宏观世界相结合的理论，是和谐与发展相统一的理论，它将为人类认知世界和改造世界提供一套崭新的理论依据。

二、供求协同理论图解

由于人处在宇宙这个开放的大系统中，而万事万物均处于运动变化中，供给与需求也处在运动变化中，从调整供给、需求或者二者关系的单一角度，是很难实现协同的，只有对三者进行协调地、系统地、持续地调整，才可能长期保持供求协同的状态。

我们将供求协同用图像表示（图 4–6）。

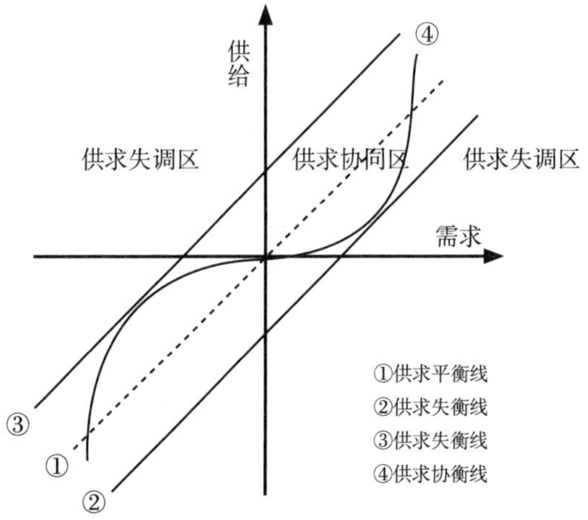

图 4–6　供求协同图

（一）坐标轴

需求是横向坐标轴，原点右边为正向，越靠右边需求越大；相反，原点左侧是负向，越靠左边需求越小；供给是纵向坐标轴，原点上方为正向，越靠上边供给越大；相反，原点下侧是负向，越靠下边供给越小。

（二）供求关系线

1. 供求平衡线

在坐标系里，当供给 = 需求时，这种状态经过原点 45 度角的那根虚线，表示供给与需求在这条线上都处于平衡状态。

2. 供求失衡线

在坐标系里，当供给<需求时，通常会令人产生良性心理压

力；当供给严重小于需求时，会令人产生过度心理压力，处于良性心理压力与过度心理压力的交界线，我们把它命名为供求失衡线，如线②（该线不一定是直线）。

在坐标系里，当供给>需求时，原需求虽然得到了满足，不再产生压力，但新的需求立即产生，通常会令人产生良性心理压力；当供给过度大于需求时，会令人产生过度心理压力，处于良性心理压力与过度心理压力的交界线，我们把它命名为供求失衡线，如线③（该线不一定是直线）。比如有小人当了官，德不配位，反倒给他增加了过度心理压力。

3. 供求协同线

在坐标系里，曲线④代表着人的需求与供给之间处于动态变化之中，但通常是围绕着供求平衡线波动，不能越过两侧的过度心理压力线，我们把它命名为“供求协同线”。

（三）供求相关区域

1. 供求协同区

处在两条过度心理压力线内侧的部分，其中任何一点都代表着供给与需求之间的差距未形成过度心理压力，处于供求协同状态，我们把这个区域命名为“供求协同区”。

2. 供求失调区

处在两条过度心理压力线外侧的两部分，其中任何一点都代表着供给与需求之间的差距已形成过度心理压力，处于供求失调范围，我们把这个区域命名为“供求失调区”。

（四）扩大供求协同区

供求失调令人痛苦，供求协同令人幸福，通过改善环境，强健身体，提升能力，调整欲望等方法，可以拓宽供求失衡线，使供求协同区域扩大，让人尽可能地处在幸福的状态。

三、供求协同理论适用于幸福管理

前面已阐述了供求协同理论具有普适性，那么它必然适用于幸福管理。实现幸福的途径有很多，从幸福方程式左侧看，可以通过调整供给、需求和供求关系的方式实现；从幸福方程式右侧看，可以通过调整情绪情感来实现。经过研究发现，调整情绪情感的方法本质上依然是调整供给、需求和供求关系。

供求关系可能呈现两种状态：一是供求协同状态，也就是供给、需求与供给满足需求三个要素之间处于协调地运动状态，整个系统统一的力量大于对立的力量，系统按照“失衡—平衡—失衡”的规则运动，系统体现出和谐与发展的状态，处于此种状态的人容易感受到幸福；二是供求失调状态，当供给、需求和供求关系三者出现严重失衡时，三者之间出现运动不协调的现象，整个系统对立的力量大于统一的力量，系统难以正常运行，可能会发生性质改变，体现出斗争与分裂的状态，处于此种状态的人容易感受到痛苦。

由此可见，只要充分认识供求协同理论，遵循供求协同规律，搞清供求协同方法，坚持让自己长时间处在供求协同的状态，那幸福就会自然而然地充满我们心中。

第五节　继承儒家人本思想

儒家思想是站在统治者的角度，提出的一套“修、齐、治、平”的治国方略，属于管理学范畴。经过两千多年的传承和发展，它逐渐形成了一套完整的思想体系，成为中国传统文化的主流，影响深远。通过系统研读儒家思想的精髓，我们提炼出了儒家思想理论体系框架——“一本”“二篇”“三纲”“四维”“五常”“六艺”“七证”“八目”（表 4–3）。

表 4–3　儒家思想理论体系框架

内容 层次	框　架	内　涵
1	“一本”	以人为本
2	“二篇”	修己治人
3	“三纲”	明明德、亲民、止于至善
4	“四维”	礼、义、廉、耻
5	“五常”	仁、义、礼、智、信
6	“六艺”	礼、乐、射、御、书、数
7	“七证”	知、止、定、静、安、虑、得
8	“八目”	格物、致知、诚意、正心、修身、齐家、治国、平天下

一、“一本”

儒家思想不是以物为本，也不是以神为本，而是以人为本。“仁者爱人”是经典儒学的逻辑起点和理论支点。从最根本的意义上说，经典儒家哲学就是以“仁”为本的哲学，也就是以“人”为本的哲学。“仁也者，人也。合而言之，道也。”（《孟子 · 尽心下》）“仁也者，人也”，儒家之道，纯粹是人之道。儒道就是人道，儒学就是人学。“道者，非天之道，非地之道，人之所以道也，君子之所道也。”（《荀子 · 儒效》）

二、“二篇”

儒家思想体系主要分为两部分：第一部分是格物、致知、诚意、正心、修身，属于“修己篇”；第二部分是齐家、治国、平天下，属于“治人篇”。

修己治人在儒家看来，是管理社会的一体两面，是指事物的“本末”和“始终”，修己是本，治人先修己，使自己“内圣”；修己为治人，使自己“外王”，修己与治人是一对辩证统一体。

三、“三纲”

《大学》开头就说：“大学之道，在明明德，在亲民，在止于至善。”这就是后人所说的《大学》“三纲领”。“明明德”就是将人所固有的天赋和光明道德发扬光大；“亲民”就是使人弃旧图新、去恶从善，这里的“亲”同“新”，是革新、弃旧、图新之义；“止于至善”就是要求达到儒家伦理道德的至善境界。《大学》“三纲领”指明了人生修炼的方向与目标，它既是《大学》的纲领旨趣，也是儒学“垂世立教”的目标所在。至于另一个关于“君为臣纲、父为子纲、夫为妻纲”的三纲，如今社会已经不主张了。

四、“四维”

春秋时代齐国的管仲把礼、义、廉、耻称为“国之四维”。他虽是法家代表人物，但接受了孟子、荀子的很多观点，也属儒家思想人物。他认为“礼”就是不能越出应有的节度，即思想行为不能超出贵族等级制的道德规范；“义”就是自己不推荐自己，即使自己的思想行为符合统治阶级的道德标准，即公道正义；“廉”就是不隐瞒自己的缺点和错误，即廉洁不贪；“耻”就是不与不正派的人在一起，即要知羞耻。他认为“礼、义、廉、耻”比法更为重要，把它们当作支撑国家大厦的四根柱子。管仲在《国颂》文中更直截了当地提出：“礼义廉耻，国之四维，四维不张，国乃灭亡！”

“礼”“义”是从社会关系的角度，用法律、道德来约束人行为的一种方法手段，属于法治、礼治；“廉”“耻”是从自身心理的角度，用价值观、道德观来约束人行为的一种方法手段，属于心治和自我管理范畴。

五、“五常”

春秋战国时期，七国争雄，天下大乱，社会无序，百姓思安。这个时候孔子站在当时统治者的角度，提出了一套“仁、义、礼”的执政理念。“仁”就是要求百姓要爱国、爱人、爱岗、敬业；“义”就是要求百姓承担自己该承担的责任和义务；“礼”就是文饰自己的行为和节制自己的欲望，文饰就是遵守礼节、礼貌，节制就是要遵守法律、道德。

到了孟子时期，他发现“仁、义、礼”这套执政理念很好，但不全面，所以他在“仁、义、礼”的基础上，增加了一个“智”字。很多执政者不理解为什么要提倡“仁、义、礼”，老百姓也不知道“仁、义、礼”到底是什么。增加一个“智”字，意思是要培养智民，让执政者和老百姓都知道为什么要这样做，让其知其然更知其所以然。

到了董仲舒时期，他发现“仁、义、礼、智”还是不够全面，所以他在“仁、义、礼、智”的基础上，增加了一个“信”字。董仲舒发现，如果执政者说一套做一套，不讲诚信，老百姓就会不相信这套执政理念，执行效果也不会好。于是，此后便形成了“仁、义、礼、智、信”这套相对完备的执政理念，人们通常称其为“儒家五常”。

千百年来，儒家五常得到了各个时期统治阶级的继承与发扬，为社会治理带来了良好的效果。但时至今日，时代发生了巨大的变化，儒家五常又开始显得不全面了。因为按心理学分类，这些理念均属于认知、情感方面，而在行为方面只字未提，根据心理学过程的四分法“知、情、意、行”看，“行”的方面是缺失的。因此，我建议加上一个“慧”字，代表着按照规律行动的意思。同时，为了明确让老百姓遵守这套理念，更好地追求这套理念中积极正面的结果，我还建议加一个“福”字，意思是只要遵守和做到这几个字，幸福是可以实现的。于是，成为“儒家七常”——“仁、义、礼、智、信、慧、福”。这七个字都是积极正面的，反映了中国传统文化在社会治理方面发挥的积极正面的作用。

通过对儒家五常的研究，我们发现古人修己治人的方法，即从心理的五个维度修炼自己。当然我们也建议增加“慧”“福”两个字，提倡不仅要在心理方面修炼，更要在行为方面落实，从而让这套理念更加完整、系统。它不仅适用于治国、平天下，也适用于修身、齐家，从而成为幸福管理理论的重要组成部分。

六、“六艺”

“艺”为“艺能”之意。六艺者，礼、乐、射、御、书、数也。《周礼·保氏》:“养国子以道，乃教之六艺：一曰五礼，二曰六乐，三曰五射，四曰五驭，五曰六书，六曰九数。”它是周代教育贵族子弟的六种科目。“六艺”中“礼”“乐”“射”“御”，称为“大艺”，是贵族从政必具之术，在大学阶段要深入学习;“书”与“数”称为“小艺”，是民生日用之所需，在小学阶段是必修课。

“礼”包含政治、道德、爱国主义、行为习惯等内容;“乐”包含音乐、舞蹈、诗歌等内容;“射”是射箭技术的训练;“御”是驾驭战车技术的培养;“书”是识字教育;“数”包含数学等自然科学技术及宗教技术的传授。其萌芽在夏朝已见端倪，经商朝，至周而逐步完善。

七、“七证”

《大学》里讲道:“知止而后有定，定而后能静，静而后能安，安而后能虑，虑而后能得。物有本末，事有始终，知所先后，则近道矣。”人们通常将“止、定、静、安、虑、得”当作向内修行的六个次第，称作“六证”。南怀瑾先生提出将“知”也列进来，认为“知”为第一证，合并起来叫“七证”。我赞同南怀瑾先生的观点。

“知”是内修的开始。不知道事物的本质和规律，就不知道如何按规律做事，这时候的行为就是盲目的行为，盲动必然是乱动，乱动必然违规，违规必然心烦，心烦必然气躁，气躁必然心乱，因此，“知”是行动的前提。

“止”是停止的意思。不是对所有的行为都采取停止措施，而是对违背规律的行为应立即停止，对符合意志和规律的事情还要更专注地去做。一个正常人每天会产生成千上万个念头，如果都采取行动，人会疲惫不堪。人的精力有限，只有更稳定、更专注才容易成功，因此通过停止人的盲动和乱动行为，可以减少新的烦恼产生。

“定”是内心安定的意思。当人对盲动和乱动行为采取停止措施后，不会受到内心一些念头和环境的干扰，注意力会集中到远大目标上来，集中精力策划方案，克服困难，从而实现目标。

“静”是指内心的平静。当内心安定后，人的注意力会稳定而持续地关注实现目标的过程，即使潜意识不断冒出念头来，也会视而不见，外在环境和心理环境的噪音得到隔离，利益危害远离了人心，人的内心自然就平静下来了。

“安”是指内心的安宁。当内心平静后，人从心理上隔开了充满风险的环境，停止了很多本能性的应激反应，心里开始产生一种安全感，从而变得更加安全与宁静。

“虑”是指观察和思考问题。当人内心安宁之后，心里非常平静和稳定，此时去观察和思考便不会受到情绪和外界环境的干扰，容易发现事物的本质和规律，能够由表象的感性认知上升到抽象的理性认知。

“得”是观察和思考的成果。当人能够深入浅出地研究事物时，容易发现事物的本质和真相及其运动变化规律，可以获得正确的见解和理性的思维。

“七证”是儒家自我修炼的一种实修方法，可以逐步将人引向“内圣”的方向。与道家的静斋、佛家的内观有着异曲同工之妙。

八、“八目”

所谓“八目”，是指格物、致知、诚意、正心、修身、齐家、治国、平天下。它既是为达到“三纲”而设计的条目工夫，也是儒学为我们展示的人生进修次第，是“内圣”“外王”的具体实现方法。

前面四级“格物、致知、诚意、正心”是“内圣”；后面三级“齐家、治国、平天下”是“外王”。而中间的“修身”，则是连接“内圣”和“外王”的枢纽，它与前面的“内圣”连在一起，是“独善其身”；与后面的“外王”连在一起，是“兼善天下”。

纵览“四书五经”，我们发现，儒家的全部学说实际上都是循着“一本”“二篇”“三纲”“四维”“五常”“六艺”“七证”“八目”这个系统框架而展开的。所以，掌握了这个系统理论框架，就等于拿到了一把打开儒学大门的钥匙。我们继承了儒家人本管理思想，并按照其理论逻辑，构建了一套完整的幸福管理理论体系，为幸福管理的实施提供了重要的理论保障。

第六节　借鉴中外历史幸福观

自古以来，人们一直在探讨幸福，可以说，幸福的话题是全人类的永恒话题。然而，因世界各国文化传统、生活习俗、经济制度等的不同，最后形成了两大幸福观——东方幸福观和西方幸福观。东方人更注重从社会层面理解幸福，西方人更喜欢从心理层面理解幸福。经过历史的洗礼与演变，东西方的幸福观最终可以归纳为以下几个主流幸福观。

一、东方传统幸福观

1. 儒家幸福观

儒家提倡积极进取、奋发有为的人生，向内修身养性，形成“仁”“义”“礼”“智”“信”的良好道德品质；向外要齐家、治国、平天下，求取功名，行中庸之道，不走极端，处理好人际关系等，这样的人生才是幸福的人生。儒家主张物质享受与精神快乐两相兼顾，但更重视后者；重视理性与道德的作用，强调没有理智和美德就不会有幸福，强调社会幸福重于个人幸福。

2. 佛家幸福观

人生有生、老、病、死和怨憎会、求不得、爱别离、五阴炽盛等各种各样的痛苦，而这些痛苦的根本源于“贪、嗔、痴”，即人的贪求欲望，对佛理、佛性的无知。只有消除贪爱欲望，修行念佛，摆脱痛苦的“生死轮回”，才能达到幸福的彼岸（即“极乐世界”）。

3. 道家幸福观

道家主张致虚守静，清心寡欲，顺其自然，无为不争。道家对物质财富、生死夭寿、贵贱达穷、外在环境等持淡泊态度，注重心灵的沉静，关注那些符合人之本性的、内心的幸福。

二、西方主流幸福观

1. 理性主义幸福观

理性主义幸福观主要是以道德和价值为导向的，它是西方思想史上的一大传统，早期以苏格拉底、柏拉图、斯葛特等人为代表，而近代以笛卡儿、康德、黑格尔等人为代表。这些人所倡导的幸福观的共性是认为人的幸福必须在理性指导下才能实现，强调人的精神快乐和理性能力，主张抑制欲望，追求道德完善。

2. 感性主义幸福观

感性主义幸福观主要是以感官快乐为导向的，该流派的代表人物早期有德谟克利特、亚里斯提卜、伊壁鸠鲁等，近代有霍布斯、爱尔维修、边沁等。这一派别幸福观的共同点，在于把趋乐避苦当作人的本性，认为幸福就是追求感官的快乐、避免感官的痛苦。

3. 基督教幸福观

基督教幸福观主要是以追求上帝之爱为导向的，它认为人要达到幸福的境界，不是对财富、权力和肉欲的享受，而是在宗教德行中，在对上帝的热爱和追求中。只有通过对上帝的沉思、崇拜，才能返归天国，获得真正的幸福。

4. 资本主义幸福观

资本主义幸福观主要是以利己主义为导向，是享乐主义、个人主义，认为物质享受与个人私欲的满足是衡量幸福快乐的尺度。

5. 马克思主义幸福观

马克思主义幸福观主要是以辩证法为导向的，是物质幸福和精神幸福的统一，是创造幸福和享受幸福的统一，是个人幸福和社会幸福的统一。马克思主义幸福观指出，人生最大的幸福在于奉献，在于为人类谋福利。

三、吸收传统幸福观精华

无论是东方传统幸福观还是西方主流幸福观，每个派别都有其优点，也有不足，我们下面逐一分析。

儒家幸福观，重视理性与道德的作用，强调没有理智和美德就不会有幸福，这个观点我们完全赞同，而且将成为我们研究幸福的基础；同时，儒家强调社会幸福重于个人幸福，我们不完全赞同，因为社会幸福是由无数个个人幸福构成的，没有个人幸福就没有社会幸福。个人幸福是实现社会幸福的前提，个人幸福与社会幸福同等重要。比如，提出“让一部分人先富起来，最终走向共同富裕的道路”，就是这个道理。

佛家幸福观认为人生皆苦，我不认同这个观点，因为它违背了有苦必有乐的辩证原理。如果人生只有苦，那么我们研究幸福也就失去了意义。一方面，人有主观能动性，可以按照客观规律办事，以达到我们期望的结果；另一方面，由于人的“贪”“嗔”“痴”，形成了人的“主观乱动性”，导致违背规律做事，遭到规律的制裁，从而体验到苦的感受。佛家说的因“贪”“嗔”“痴”而导致出现痛苦这一观点，我是非常赞同的，这为我们研究幸福从社会现象转到心理研究有着深远的指导作用。

道家幸福观在个人修身养性方面是可取的，可以使人达到人与自然、人与社会、人与自己的和谐。但是人存在社会属性，有主观能动性，要通过自己的主观努力认知世界、改造世界，推动社会向前发展，这一方面是道家幸福观所不注重的。

理性主义幸福观主要是以道德和价值为导向的，认为人的幸福必须在理性指导下才能实现，强调人的精神快乐和理性能力，追求道德完善，这些观点我非常赞同，虽然幸福是感性的，但幸福产生的过程是理性的，没有精神快乐和理性能力，无法实现持久的幸福。同时，它又主张抑制欲望，这个观点我不完全赞同。从道德法律范畴上看，适当抑制欲望是对的，但在个性发展方面，在道德法律允许和个人承受能力范围之内，我们主张合理放大欲望，因为这有利于推动人们努力奋斗，积极进取。

感性主义幸福观强调把趋乐避苦当作人的本性，认为幸福就是追求感官的快乐、避免感官的痛苦。我们认为这种观点从生理层面考虑是正确的，这是人的生理本能，但是幸福还涉及心理层面、社会层面等，从这些层面来看，这种观点就显得片面和初级了。

基督教幸福观主要以追求上帝之爱为导向，追求爱这个观点我完全赞同，因为爱是人类最高尚的情感，爱可以和谐关系，使人际达到一种最大的共赢，可以促进个人幸福，也可以促进社会幸福。不过对“只有通过对上帝的沉思、崇拜，才能返归天国，获得真正的幸福”我不敢苟同，因为实现幸福的途径有很多种，我们可以通过不断地奋斗获得，不只是从情感信仰层面获得。

资本主义幸福观主要以利己主义为导向，认为物质享受与个人私欲的满足是衡量幸福快乐的尺度。在追求个人幸福的时候，这种观点有它的可取之处，但它忽略了人的社会性。人在追求幸福的同时，社会上的其他人也在追求各自的幸福，如果每个人都以自己为中心，当资源有限时，必然会导致竞争冲突，使资源未被有效利用，反而成为内耗的原材料，因此在不讲道德法律和规则的条件下提高自己幸福的做法是不可取的。

马克思主义幸福观主要是以辩证法为导向的科学幸福观。这种辩证思维，我们非常认同，也是我们继承的精髓。马克思主义幸福观指出，人生最大的幸福在于奉献，在于为人类谋福利。这个观点我也赞同，它是实现幸福的最高追求，对于优秀的社会先进分子是非常合理的；但对于普通大众，这种幸福观似乎要求过高。针对这类人，先获得个人幸福，然后再朝着为社会奉献和为人类谋福利的方向努力才是可行的。

综上所述，无论是东方传统幸福观还是西方主流幸福观，每个派别都有其优点，也有不足。我们借鉴了各派别的优点，尤其是吸收了中国儒家幸福观、理性主义幸福观和马克思主义科学幸福观的精髓，为我们提出自己的幸福观奠定了坚实的理论基础。

第七节　供求协同幸福观

在儒家人本管理思想的指引下，我们确定了“以人为本”的行动宗旨，“追求幸福”是我们人生的终极目标。幸福是需求得到满足后产生的持续的内心愉悦感，单一的生理满足感、价值满足感、精神满足感均不能产生幸福感，一定是三感统一，才能产生幸福感。幸福存在着幸福感、幸福情和幸福生活方式三个境界。

供给满足需求是幸福产生的必经过程，持久的幸福感会上升为幸福情，持续的幸福情会上升为幸福生活方式。充满着幸福感的人对事物容易给出正面情绪反应和正面评价，同时会产生一系列的幸福效应，进一步促进新的供给满足需求的状态持续实现。虽然说幸福是感性的，但幸福产生的过程是理性的，也就是说幸福有自己形成的规律，可以通过管理获得。

要实现幸福，可以从供给、需求、供给满足需求关系三个途径入手。通常人们只是从单一角度或局部方面进行管理，而我们提倡的是让供给、需求和供给满足需求关系三者之间形成一个动态、协调、可持续的管理系统。

通过对幸福的本质、幸福的形成规律、实现幸福的途径等的综合研究，我们正式提出“以人为本、以幸福为目标、以需求为导向、以和谐与发展为宗旨、以供求协同为途径”的“供求协同幸福观”。

一、供求协同幸福观的特点

供求协同幸福观是幸福主义人生观的一部分，它包含了人生目标、人生价值以及实现幸福以何为导向、以何为宗旨、以何为途径等内容，与其他幸福观比较，供求协同幸福观具有以下特点。

（一）以人为本

供求协同幸福观，坚持以人为本，把人或人类的生存和发展作为根本。

首先，从“人”这个概念来看，“人”在哲学上常常和两个东西相对，一个是神，一个是物，人是相对于神和物而言的。因此，提出以人为本，要么是相对于以神为本，要么是相对于以物为本来讲的。大致说来，西方早期的人本思想，主要是相对于神本思想，主张用人性反对神性，用人权反对神权，强调把人的价值放在首位。中国历史上的人本思想，主要是强调人贵于物，“天地万物，唯人为贵”。《论语》记载：马棚失火，孔子问“伤着人了吗？”他不问马的情况，而是问人是否受伤，这说明在孔子看来，人比马重要。在现代社会，无论是西方国家还是中国，人本思想作为一种发展观主要是相对于物本思想而提出来的。

其次，“本”这个概念，在哲学上可以有两种理解：一种是世界的“本源”，一种是事物的“根本”。以人为本的本，不是“本源”的本，是“根本”的本，它与“末”相对。以人为本，是哲学价值论概念，不是哲学本体论概念。提出以人为本，不是要回答什么是世界的本源，以及人、神、物之间谁产生谁，谁是第一性、谁是第二性的问题，而是要回答在这个世界上，什么最重要、什么最根本、什么最值得我们关注。以人为本，强调人更重要、更根本，不能本末倒置，不能舍本求末。我们所熟悉的“百年大计，教育为本”，就是从“根本”这个意义上理解和使用“本”这个概念的。

供求协同幸福观强调“以人为本”，将其作为万事万物的开端和起点，强调人的重要性。供求协同管理的目的是让人获得幸福，一切违背让人获得幸福这一目标的管理均是无效的。

（二）以幸福为目标

供求协同幸福观，确定以幸福为人生的终极目标。“天下熙熙皆为利来；天下攘攘，皆为利往。”天下的人都在忙着追逐利，“利”字到底代表着什么？他们追求利的目的是什么？利指的是对人的好处，也就是对人有利的、符合人需求的、可以给人带来好感的事物，获得利就代表满足了人的需求，可以使人获得好感，获得正面情绪体验。原来人们追逐利的目的不是为了追求利本身，而是追求获得利后产生的美好感受和正面情绪体验。幸福的本质就是正面情绪体验，是利满足需求时、内心充满着好感时的体验。因此，利只是让人获得好感的媒介和手段，幸福才是人生的终极目标。

（三）以需求为导向

确定了以人为本这个终极目的后，我们要确定管理的目标：在供给、需求、满足关系三者之间，以哪个为导向呢？在计划经济时代，物资匮乏，产能极低，生产出来多少东西都可以卖掉，那时管理就是以供给为导向的。随着经济的发展，产品越来越丰富，产能越来越大，供给总量已经严重超过需求，产品积压、产能过剩，这个时候有些企业便提倡以需求为导向进行生产。目前，我们国家提倡的"供给侧结构性改革"，可以说就是以需求为导向的。我们不能盲目地扩大供给，而要根据市场需求提供优质的、匹配的、适量的供给。

而我们供求协同幸福观不管供给如何，均以人的需求为导向，这是我们幸福管理的出发点。小到个人、家庭、企业、单位，大到国家乃至整个世界，所有方面的发展如果不是以人的需求为导向，必然是盲目的供给、过量的供给、错误的供给，因此发展一定要以大多数人的主要需求为导向。

（四）以和谐与发展为宗旨

供求协同幸福观，坚持以和谐与发展为宗旨。

1. 和谐

宇宙自控调谐律阐明，和谐是宇宙间普遍性的规律，实现幸福的过程同样遵循和谐规律。幸福是人与自然和谐、与社会和谐、与自己和谐时出现的三感统一的心理状态，因此追求和谐是供求协同幸福观的宗旨之一。但和谐不等于不要斗争，引发适度压力的斗争是可取的，有利于推动人的发展，但恶性的斗争是和谐的破坏者，是不可取的。

2. 发展

发展是指事物由小到大、由简到繁、由低级到高级、由旧事物到新事物的运动变化过程。事物发展的原因是事物联系的普遍性，事物发展的根源是事物的内部矛盾。运动是事物的根本属性，而向前的、上升的、进步的运动即是发展。

供求协同幸福观既追求和谐与当下的幸福，是动态的平衡，是系统的平衡；又追求向前的、上升的、进步的发展，是科学的发展，可持续的发展。供求协同是指供求之间的差距不会超出人或环境的承受能力，通过彼此之间相互作用、相互促进，以不断提高人的幸福指数为目标，它是动态的、向上的整体协同。

（五）以供求协同为途径

供求协同幸福观认为，实现幸福的途径有多条，可以调整供给、需求，可以调整二者的关系，还可以调整情绪情感等。不管形式上如何调整，本质上的途径只有一个：根据自身能力和环境条件调整自己的需求，再在环境中努力寻找资源，甚至创造资源，然后通过合理有效地组织、协调，使这些资源成为有效供给，有组织、有计划、有秩序地满足人的需求，从而使供给与需求保持相对动态平衡状态，最好做到让供给全面、充分、高效、可持续地满足需求，以达到持续幸福的终极目的。

关于实现幸福的途径，很多人提出了自己的观点，遗憾的是，绝大多数人是从现象层面，从单一或局部方面，从静态角度提出解决方案。实际上，一切事物总是处在不断发展变化之中，我们需要一个系统、动态的思维框架，才能帮助人们抓住本质规律，以不变应万变。

供求协同幸福观始终坚持“以人为本、以幸福为目标、以需求为导向、以和谐与发展为宗旨、以供求协调为途径”的特点，围绕获得幸福感这个目标，运用协同理论将供给、需求及其满足关系三者有机地统一在幸福管理过程中，并努力从供求关系的动态平衡中持续高效地实现供给满足需求，最终不断提高我们的幸福指数。

二、供求协同幸福观的原则

供求协同幸福观倡导的是系统的、辩证的、发展的幸福观，要想在追求幸福的道路上做到“供求协同”，需要一些原则做保证。

（一）供给与需求的辩证统一

人是宇宙中的人，人与万事万物处在普遍联系中。任何事物在系统中既是需求者，又是供给者。联系的本质就是互为供求关系。比如在人际关系中，你获得别人的供给而满足自己的需求时，根据人际关系的互惠原则，通常你会提供一些能满足别人需求的供给，这样自己的心理才会平衡，人际关系才会和谐。所以只做供给者，或只做需求者，这样的人都无法持续获得幸福；只有在做好供给者的同时做好需求者，让供给与需求处于相互合作、相互促进的动态平衡中，让供给与需求达到辩证统一，才能更好地实现幸福。

（二）和谐与发展的辩证统一

供求协同幸福观既提倡供求和谐，又提倡供求发展。供求和谐是指在环境条件允许、自身能力可及的前提下，努力追求供给，尽可能地满足需求。但现实供给与需求之间通常存在差距，它们之间的差距不能太大，如果超出一定的范围，人会形成过度压力，伤害身心，因此，供求和谐是供求协同幸福观的前提。但在和谐的前提下，还得追求发展。当人处于适度压力的条件下，可以不断努力地追求供给，更好地满足需求，满足后的需求虽然没有驱动力，但是更高层次的需求又产生了。在和谐前提下的发展才是健康的发展，在发展中的和谐才是更有意义的和谐。只有把和谐与发展辩证地统一在一起，供求协同幸福观才具备了方向和动力。

（三）追求幸福与接受痛苦的辩证统一

幸福是人生的终极目标，然而在追求幸福的过程中，总会遇到痛苦，不可能一帆风顺。由于人对幸福的向往和追求，通常会选择回避痛苦、远离痛苦，甚至排斥痛苦。可实际情况是，当你越回避、越排斥反而越痛苦，越易放弃长远的幸福目标，最后与幸福无缘。相反，当一个人遇到痛苦时，不排斥、不回避，而是勇敢地面对、接受、接纳，痛苦反倒没有想象中那么痛苦了，我们就可以有更多时间和精力去追求长远幸福目标的达成。因此，追求幸福与接受痛苦要辩证统一。

（四）创造幸福与享受幸福的辩证统一

创造幸福的目的是享受幸福，享受幸福是为了更好地创造幸福。幸福不会凭空生出来，是通过劳动创造出来的，是通过智慧管理出来的，只有在劳动中创造，我们的人生价值才会得到充分体现。劳动过程本身就是幸福的，劳动成果也是可以用来享受的；劳动成果如果不享受，那它就失去了存在的价值，甚至造成了资源的浪费，因此享受幸福与创造幸福同等重要。遗憾的是，有些人总是容易偏执一端，要么是拼命地创造幸福，很少让自己享受一下；要么是拼命地享受幸福，从来不知道去努力创造幸福。可见，创造幸福与享受幸福是辩证统一的。

（五）物质幸福与精神幸福的辩证统一

物质生活是人赖以生存和生活的基础，物质幸福是精神幸福的前提和保障，精神幸福是物质幸福的目的和升华。只有物质幸福的人幸福感持续时间不长，而且幸福感的强度会持续下降，物质消失则幸福感立即消失；只有精神幸福的人，幸福感持续的时间才会长，而且幸福感的强度会上升，但如果没有物质幸福作为基础，精神幸福就会成为空中楼阁，成为无源之水。要获得长久的幸福，必须做到物质幸福与精神幸福的辩证统一。

（六）当下幸福与未来幸福的辩证统一

当下幸福是最现实的幸福，是获得幸福人生的基石；未来幸福是实现可持续幸福的重要方法，二者是互相促进、互为补充的。如果过分注重当下而忽略未来，幸福不会长久；只顾未来而忽略当下，则永远体验不到当下真正的幸福。只有把当下幸福与未来幸福辩证地统一在一起，才既能体验到当下幸福，又可以持续地体验未来幸福。

（七）个人幸福与家庭幸福的辩证统一

没有个人幸福，便没有家庭幸福；没有家庭幸福，个人幸福难以长久；个人幸福是家庭幸福的前提，家庭幸福是个人幸福的保障。只有个人幸福与家庭幸福辩证地统一在一起，才可能真正地实现个人幸福和家庭幸福。

（八）家庭幸福与社会幸福的辩证统一

家是最小国，国是最大家。家庭是一个国家和社会的基本单元，家庭幸福离不开一个安定团结的幸福社会，一个幸福社会如果没有一个个幸福家庭，那肯定是一个空谈幸福的社会。只有将家庭幸福与社会幸福辩证地统一起来，才能相互促进、相互作用，最终实现共同幸福。

（九）安全保障与知足常乐的辩证统一

安全保障是幸福生活的前提，知足常乐是幸福生活的重要方法。我们在幸福管理过程中，既要让人们的生活得到应有的安全环境、生存条件和生活保障，还要让人们在追求幸福的过程中学会知足常乐。只有将安全保障与知足常乐辩证地统一起来，才可能提高人们的幸福指数。

（十）理性管理与感性体验的辩证统一

幸福的结果是感性的，但实现幸福的过程是理性的，对过程不进行理性管理，就得不到应有的幸福；当然，如果不去感性体验结果，也体会不到幸福的真正滋味。只有理性地管理好幸福的过程，同时用心去体验幸福的结果，才能持续地生产出幸福，才能持续地体验幸福。

表 4–4　供求协同幸福观十原则

原则 序号	辩证统一	研究视角
1	供给与需求	生活
2	和谐与发展	社会
3	追求幸福与接受痛苦	心理
4	创造幸福与享受幸福	生活
5	物质幸福与精神幸福	心理
6	当下幸福与未来幸福	时间
7	个人幸福与家庭幸福	社会
8	家庭幸福与社会幸福	社会
9	安全保障与知足常乐	生活
10	理性管理与感性体验	心理

供求协同幸福观十原则，全面系统地指导我们在追求幸福、创造幸福和享受幸福的时候，不要偏执一端，而是要左右兼顾、考虑协同，从而保证幸福持续地与我们在一起。

三、供求协同幸福观的内涵

供求协同幸福观提倡“以人为本，以幸福为目标，以需求为导向，以和谐与发展为宗旨，以供求协同为途径”，它的内涵系统而丰富，主要涉及三个方面的内容：需求管理内涵、供给管理内涵和关系管理内涵，每一个内涵均包含八个重要内容。

（一）需求管理内涵

需求管理内涵涉及生存、安全、保障、成长、知足、合境、合意、合能八个方面，具体如下：

1. 生存

生存是人类赖以存在的前提，离开了生存，其他都是空谈。生存包含衣、食、住、性、睡眠等生理需求，基本上都属于物质性需求，只有这些需求得以满足，才可能保证一个人拥有正常的心理活动以及社会活动。在需求管理过程中，它是首位的、刚性的、持续的。在经济不发达的地方，人们仍处在追求温饱阶段，基本上都处于求生存状态。

2. 安全

安全是人在生存需求得到满足的基础上，希望得到持续生存保障和生活保障的心理需求，包括社会环境安全、生命财产安全、人身自由安全、婚姻家庭安全、职业生产安全、生活保障、医疗保险等。安全是让人对未来充满信心、充满希望的保障。没有安全感的人心中通常充满着怀疑、焦虑、抑郁，而安全感可以让人心神安定，保障内心持续稳定地充满愉悦，是获得幸福的必要需求。

3. 保障

保障是指人在社会生活中的必要生活需求。比如，基本生活、基本医疗、就业机会、义务教育、基本养老、居住条件、公平正义、法律生活等。同时，它也是刚性需求，主要偏向物质需求和部分低层次的人际关系需求。

保障是人们在社会生活中持续获得生存、安全的基本需求，侧重于社会生活，是一个正常社会人的生活必需。

4. 成长

成长是指人在获得生存、安全、保障的前提下，要进一步提高需求层次。人活着的目的不只是为了生存，还要去追求尊重、追求自我价值实现、追求人生幸福，只有不断地去追求更高层次的需求，才可能持续推动人去追求、去奋斗，而让高层次的需求得到满足成为可能，这其实就是“不知足”。

5. 知足

知足是指人在得到生存、生活保障的前提下，在成长的过程中受到了环境或自身条件的限制，导致需求难以或无法得到满足时，让自己对现实处于满足的心理状态。此时，不能盲目地扩大需求，要学会向下比，要学会知足，调整或降低需求，让需求得到可持续性的满足，以获得长期幸福感。当然，如果环境和自身条件允许，则应该“不知足”，这样可以让自己向更高层次的需求发展。

6. 合境

人是自然中的人，也是社会中的人，人的一切活动受到环境的影响和制约。合境是指人在设定需求目标时，要考虑到这个目标在当时的自然环境和社会环境下能否实现，或者是否与当下的环境背景相吻合，是否与环境同频共振，目标是否容易达成。如果这个目标与环境格格不入，那么失败的概率就高了。

7. 合意

人的需求有很多种，而人面对的需求形式千变万化，有的需求是受当时环境的影响而临时起意，属于临时性的需求，与长期的目标相冲突；有的需求是组合里不重要的某一部分，与核心需求相冲突；也有的是授意者的需求，并非自己的需求。所以，合意是指符合自己的意志，符合人的长远目标，我们要学会坚守合意需求，排除各种非必要的干扰和虚假需求，以获得高质量的幸福感，因此需求管理必须坚守合意原则。

8. 合能

在需求设定过程中，不仅要考虑到外界环境的影响和制约，还要考虑到自身能力的支撑与限制。当需求过高、自身能力达不到时，目标就难以实现，从而导致痛苦的产生；当需求过低、自身能力相对过高时，目标就会失去挑战性，从而让人感到枯燥无味。只有需求与自身能力条件相匹配，并保持一定的挑战性，才是合能的。“跳起来摘的果子才好吃”，就是这个道理，说明这个果子是合能的；如果摘果子时太高了或者太容易了，则都不太符合合能需求。可见，只有让需求做到合能，才会更好地提高幸福指数。

（二）供给管理内涵

供给管理内涵涉及全面、充足、质优、合作、创新、均衡、低成本、可持续八个方面，具体如下：

1. 全面

全面是指提供或创造多种多样的供给，以满足各种各样的需求。根据立体需求层次理论，每个人都存在不同层次的需求，即使是同一层次的需求，也存在多种多样的目标，有物质目标，也有精神目标；有近期目标，也有远期目标；供给的内容要覆盖所有需求，这才叫全面。

2. 充足

在满足需求过程中，供给除了品种上的全面以外，还要在数量上充足。供给匮乏是造成痛苦的主要原因，在合理需求范围内，创造和提供充足的供给是幸福管理的重要任务。

3. 质优

供给除了品种齐全、数量充足以外，还需考虑供给质量。质量是反映供给功能属性的指标，它的好坏决定了供给满足需求的可能性和有效性。

4. 合作

人的需求是综合的，单一供给往往无法满足全部的需求，这样就需要多个人或组织共同来完成这个任务，在满足过程中，供给者之间需要密切配合与相互支持，才能完成这个复杂的任务。

5. 创新

创新是指人们为了发展需要，运用已知的信息和条件，突破常规，发现或产生某种新颖、独特且有价值的新事物、新思想的活动。通过创新，可以创造出更多新奇的供给出来，以便更好地满足丰富多彩的需求。

6. 均衡

均衡是指在各个供给之间，根据需求侧的具体要求，按一定的比例提供不同种类的供给。供给不能只顾某一些类别，而忽略另一些类别，各个类别之间要协调、均衡。

7. 低成本

供给在满足需求的过程中，需求者一般需要支付给供给者一定的成本。如果支付的成本相对供给本身的价值偏差过高，需求方就会认为这不是对等的支出，这个供给不是最优的；只有当支付成本符合供给价值（价廉）时，供给才是最受欢迎的。

8. 可持续

可持续是指一种可以长久的供给满足需求的模式。有的人会过分关注当下的满足，甚至过度消耗自然资源、社会资源，或者消耗自身的健康，这种竭泽而渔的满足方式不可取。只有兼顾当下又照顾未来的方式，才可以达到可持续的目的。

（三）关系管理内涵

关系管理内涵包括合法、合理、合情、匹配、同步、协调、高效、满足八个方面，具体如下：

1. 合法

合法是指在供给满足需求的过程中，供给的来源、满足的方式、满足的手段、满足的行为等都要符合法律要求。创造供给满足需求的目的是获得幸福，如果违背法律去实现，不仅需求有可能得不到满足，还有可能遭受法律的制裁，造成更大的痛苦，因此合法是供求关系管理的首要任务。

2. 合理

合理是指合乎道理、事理和伦理。任何事物的运动均有其规律，按规律做事必得相应的成果，容易获得成功；违背规律做事必遭规律的制裁，容易出现失败。合理是幸福关系管理的重要内涵。

3. 合情

合情是指合乎人的情绪情感。人际和谐是幸福的重要条件，在供给满足需求过程中，如果违背人的情绪情感，必然会让人产生不满意的结果，从而产生负面情绪情感，造成人际互动障碍，也就无法达到幸福的目的了。中国是一个特别注重合情文化的民族，成语“合情合理”就是一个缩影，把合情放在合理前面，特别强调在人际关系互动中要注意合情。

4. 匹配

匹配是指在供给满足需求过程中，首先要弄清楚需求的具体层次和内容，然后寻找相对应需求的供给，让它们产生满足关系。在日常生活中，很多有爱心的人经常好心办坏事，让需求方不领情，就是因为供给的并不一定是需求者想要的。“想人之所想，急人之所急”，才是需求匹配的典型。

5. 同步

供给满足需求有时效性，同步是指供给的提供与需求产生的时间一致。供给早于需求，不仅供给价值体现不出来，还浪费资源；供给晚于需求，则晚的时间就是不舒服的时间。供给在需求的时间同步出现，如“要风得风，要雨得雨”，才是完美的同步。

6. 协调

协调是和谐一致，配合得当。为了实现幸福这个目标，要搞清楚各种需求的轻重缓急，再处理好各种供给者之间的关系，保障各类供求有序、顺利地进行，从而防止内耗，提高效率。“物有本末，事有始终，知所先后”，便是协调的典型。

7. 高效

高效是指在相同或更短的时间里完成比其他人更多的任务，而且质量与其他人一样或者更好。当需求不变时，需求越满足，供给的边际效用越低，遵循边际效用递减规律。而当对一个新生事物产生兴趣爱好或情感时，需求越高效满足，供给的边际效用越高，遵循边际效用递增规律。

8. 满足

满足是指要让供给与需求之间产生联系，并相互作用，让供给填满需求的不足，这样的供求关系才是落到了实处，供求管理的目标才算是达成，也就是“心想事成”。如果“心想”却“事不成”，就不是满足。所以，满足是整个供求协同幸福管理最关键的一环，是供求协同管理产生质的飞跃的一步。

表 4–5　供求协同内涵表

维度 标准	供　给	满足关系	需　求
1	全面	合法	生存
2	充足	合理	安全
3	质优	合情	保障
4	合作	匹配	成长
5	创新	同步	知足
6	均衡	协调	合境
7	低成本	高效	合意
8	可持续	满足	合能

说不出来做不到，说不清楚做不好。供求协同幸福观内涵，是对需求、供给及满足关系的内容进行深度挖掘且说清楚的过程，从而让我们全面、清晰、透彻地了解它们的本质。在生活中，我们有可能是需求方，有可能是供给方，有可能是满足关系方，只有清楚了它们的本质内涵，才可以做到全面、精准地提供高效服务，从而实现自己和他人的幸福，否则就很容易出现“低效勤奋”的结果。

第五章　幸福管理体系的构建

为了揭开幸福的秘密，我们先后揭示了幸福本质和幸福规律，创立了供求协同理论，提出了供求协同幸福观，并构建了供求协同幸福管理体系。我们不是从单一的视角去看待幸福，而是从多维视角去研究幸福。系统的幸福理论，为我们认识幸福、管理幸福和掌握幸福指明了清晰的方向。

幸福需要原理指导方向，更需要方法步骤来落实行动。通过单一维度的管理可以使人获得幸福，但这种幸福通常不会稳定和长久。如果通过系统管理，则更加容易使人获得幸福，而且这种幸福感会更加稳定、持续和强烈，因此本章旨在构建幸福管理体系。

我们非常看重儒家“格物、致知、诚意、正心、修身、齐家、治国、平天下”的人本管理方法，这其实就是一套非常行之有效的幸福管理方法。当然，由于时代久远，社会环境发生了重大改变，有些方法策略也会随着改变。因此，为了结合现代因素，我们提出了一套更为简洁、可操作执行的供求协同幸福管理体系。

管理体系由两部分构成，第一部分是从管理人心开始。幸福与否，归根结底都是我们对“供给”“需求”“供求关系”的评价，感觉满足就幸福，感觉不满足就不幸福，因此，只要管理好“心”这个根本基点，任它外界东南西北风，我心岿然不动，这样就稳住了幸福的根基。这是最快最高效的方式。当然，说心的管理过于抽象，具体来说，主要是从认知、情绪、心态和心智四个角度进行管理，这样比较方便大家理解和操作。第二部分是从供求协同的角度践行。了解了供求协同理论，等于掌握了幸福管理的金钥匙，随时可以打开我们的心结，进行及时调节处理。细分到具体操作层面，无非就是欲望管理、财富管理、消费管理和协同管理。如果能够掌握这四个管理方法，便掌握了幸福的主动权，这个时候，幸福不再是一件遥远而难以说清楚的事情，而是尽在掌握之中。

任何事物，对于会的人来说，总是简单的；对于不会的人来说，总是复杂的。幸福践行方法也是如此，需要我们不断尝试，通过反复训练，掌握幸福管理的方法和技巧，如此我们就可以自豪地说："原来幸福如此简单！"

第一节　幸福需要系统管理

幸福方程式告诉我们，供给、需求和供给与需求之间的关系这三个因素影响着幸福的形成，而这些因素通常是混乱无序的，如果分别对供给、需求、供求关系进行系统管理，幸福是可以产生的，而且可以持续产生。

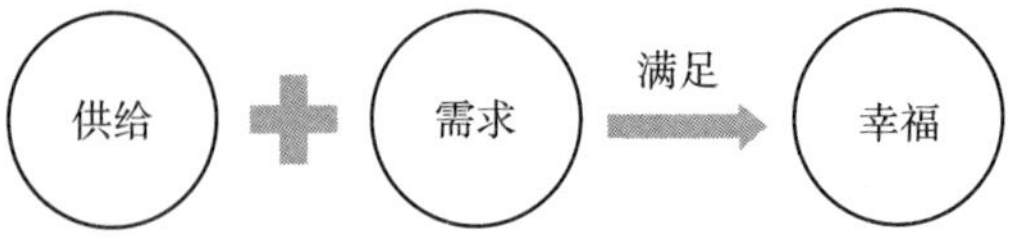

图 5-1　幸福方程式

一、调节需求，容易使人幸福

在幸福方程式中，当供给处于固定状态的时候，调小需求，就容易使人获得幸福。比如，2013 年我在湖南老家建房子，买了一套图纸，根据图纸要求，需要一定的土地才能实现我的梦想，但土地是稀缺资源，不是我想要多少就有多少的，也不是花钱想买就能买得到的。根据当地村规民约，我分得一块宅基地，但比理想中的要小得多，供求关系失调，当时我的心里很不是滋味；后来在居住过程中，我发现实际居住人仅是父母两位老人家，我们一年住不了几天，若面积太大，反倒难以打理，辛苦了父母。所以，我心里开始庆幸当初没建那么大，建大房子的欲望逐渐变小，住房面积变得供求协同。现在我对这所住房的满意度越来越高，幸福指数也逐步得到提高。

当然，这个“小”，也是有限度的，不是越小越好，因为人都有基本的生存和安全需求，比如吃、喝、拉、撒、衣、食、住、行、性、睡眠、健康、安全等。可见，在供给相对固定的情况下，调小需求，有利于创造供求协同，提高人们的幸福指数。

二、创造供给，容易使人幸福

当需求确定的时候，创造的供给越多，越容易实现供求协同，也越容易提高幸福指数。比如，在我们承办的一次公益活动中，上级要求最低人数要达到 200 人，由于当时经验不足，又是上班时间，通过宣传、发动朋友等方式，也难以达到目标人数，供求关系出现失调，因此心怀忐忑；后来遇上充满爱心的义工邻居，向其道出了我的苦恼，她笑着说：“我还以为是什么天大的事，你做公益是好事，这事包在我身上了。”活动开始时，我的心里充满着担忧，当活动现场人数接近目标时，我提着的心终于放下来了；当义工朋友们持续地增多时，我开始变得开心；当现场人数达到 300 人时，我变得无比的喜悦。

当然，这个“多”，也是有限度的，供给并不是越多越好，因为供给太多的时候，会产生新的烦恼。假如现场人数达到 1000 人以上，则现场可能会出现混乱或突发事件等。可见，在一定范围内创造供给，容易提高人的幸福指数。

三、创造满足关系，容易使人幸福

按正常情况来说，当供给能够满足更多的需求时，供求关系容易协同，个人幸福指数也会高。比如前些年，我一味地追求事业的成功，而忽略了身体的健康、情感的维护、个人的成长等内容，造成了供求关系失调；近些年我在研究幸福的过程中，掌握了幸福的规律，分析了自己压抑的需求，在法律、伦理、道德允许的前提下，创造机会让它们得到满足。比如，我开始保养身体、培护情感、自我成长和做公益服务等，失调的供求关系慢慢变得协同起来，幸福指数也逐步得到提高。

但这个“多”，也是有限度的，当过度满足后，人追求事物的动力会下降，对事物的敏感度也会下降。比如，人吃得太饱会有撑的感觉。可见，适当地保持供给满足需求的程度，有利于提高人的幸福指数。

四、培养幸福感情，容易使人幸福

通常幸福感情越多，越容易实现供求协同，幸福指数也相对越高。我以前有完美主义倾向，2006 年学习教练技术的时候，同学们发现我永远觉得自己不满足，便给我起了个外号叫“我不够”，可见当时的供求关系严重失调，现在回想起来，那时的我根本没有幸福感情可言。直到 2010 年的时候，有一个傍晚，我陪着来探亲的父母在海边散步，当被海风轻轻吹拂时，我的内心突然出现了一瞬间的幸福感，这是我人生中“有意注意”的第一次幸福感，因此被我深深地铭记在心中，我想这是当时供求协同的结果吧。后来我开始研究幸福，直到 2014 年，我发现幸福的概念已深深植入我的脑海中，与幸福相关的字眼会时时刻刻让我产生幸福联想，我想我是已经获得了幸福情。到了 2016 年，我开始关注身边的人、事、物、知识、信息等，我很容易看到别人的优点，也容易包容别人的缺点，人际关系变得和谐。如果是负面的事件，我会从中寻找其正面的价值和意义；如果是正面的事件，我会在控制风险的前提下，让它持续地让我们获得正面情绪，并持续不断地与别人分享自己的幸福感。我想这就是幸福生活方式吧！当然，幸福生活方式的追求永无止境，我将持续培养幸福感情，保持供求协同，让自己变得越来越幸福。

同样这个“多”，也是有限度的，幸福感情不是越多越好，当人过多享受幸福感情的时候，容易回避痛苦，意志力和抗压力也会降低。可见，幸福感情在适度的范围内波动，容易促进供求协同，可以提高人的幸福指数。

五、系统管理才可能使人持续幸福

通过对供给、需求、供求关系、幸福感情进行单一因素的管理，是可以让人获得幸福的，但这些因素并非独立运作的系统，如果只从单一因素着手，幸福则难以持续。

供求协同幸福观已经阐明了实现幸福是一个系统工程，需要“以人为本，以幸福为目标，以需求为导向，以和谐与发展为宗旨，以供求协同为途径”。而供求协同可以通过调整供求、调整关系、管理情绪情感或者是二者的综合运用得以实现，在这个过程中既涉及供给的八大内涵，又涉及需求的八大内涵，同时涉及供给满足需求关系的八大内涵；并且与幸福感、幸福情、幸福生活方式密切相关，这么多因素交织在一起，如果是混乱无序的，供求协同的目标则将无法达成。如何让各个因素各就其位，充分发挥各自的效能呢？这要求我们认识供求协同规律，并对诸因素采取系统管理，这样才可能将供求协同变为现实。只有对各个因素进行系统管理，才可能保障持续的供求协同，才可能让人持续获得幸福。幸福需要系统管理，这种以实现幸福为目标，以供求协同为途径的系统管理，我称之为“供求协同幸福管理”，在本书中简称为“幸福管理”。

第二节　幸福管理理论基础

根据“方法论系统”中的“〇一分析法”可知，一个新生事物的产生，不是凭空创造的，它必须先有创造规则和原材料。幸福管理也是如此，它的指导思想、理论依据和原材料主要来源于三个地方，我们把它们叫作“幸福管理三源泉”。

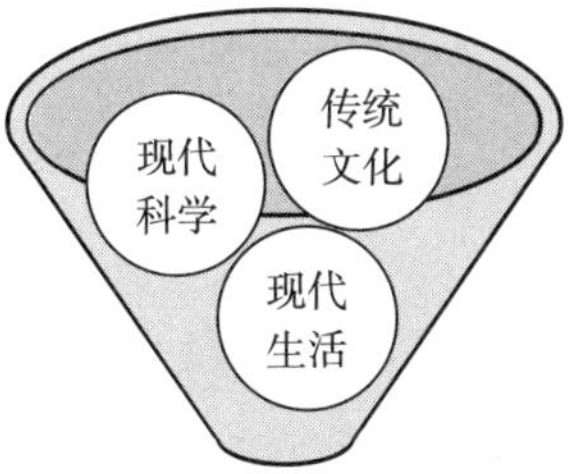

图 5-2 幸福管理三源泉

一、传统文化

中国传统文化是中华民族在古代社会形成和发展起来的比较稳定的文化形态，是中华民族智慧的结晶，是中华民族的历史遗产在现实生活中的展现。

这个思想体系蕴含着丰富的文化科学精神，主要体现在三个方面：一是凝聚之学。中国传统文化是内部凝聚力的文化，这种文化的基本精神是注重和谐，把个人与他人、个人与群体、人与自然有机地联系起来，形成了一种文化关系。二是兼容之学。中国传统文化并不是一个封闭的系统，尽管在中国古代，对外交往会受到限制，我们还是以开放的姿态实现了对外来佛学的兼容。三是经世致用之学。文化的本质特征是促进自然、社会的“人文之化”，中国传统文化突出儒家经世致用的学风，它以究天人之际为出发点，落脚点是修身、治国、平天下，力求在现实社会中实现其价值，经世致用是文化科学的基本精神。

中国传统文化涉及面广，本书主要吸收了易、儒、释、道的核心思想，并将它们的原理创造性地运用到幸福管理理论中来，为我们的幸福研究提供了理论基础和方向指引。

二、科学原理

科学原理是指自然科学和社会科学中具有普遍意义的基本规律，它是在大量观察和实践的基础上，经过归纳、概括而得出的。科学原理以大量的实践为基础，故其正确性能被实验所检验与确定。比如，哲学原理、宇宙规律、弗洛伊德的人格结构原理、马斯洛的需求层次原理、供求理论、协同理论等等。

从科学的原理出发，可以推衍出各种具体的定理、推论、命题等，从而进一步对实践起指导作用。然而推论通常带有理论推导时的假设条件，同时容易带上推导者的主观特点，不具有普遍性，因此，我们很少采用推论，通常采用的是科学原理。

三、现实生活

任何先进的理论，都脱离不了现实生活；离开了现实生活，理论就变成了纸上谈兵，容易犯教条主义错误。毫不夸张地说，现实生活是所有理论的主要来源。比如毛泽东提出的“农村包围城市”战略，就是在充分调查中国当时社会现状之后，结合马克思主义的科学原理提出的原创理论。

幸福理论的研究旨在帮助人们掌握幸福的本质与规律，提高人们的幸福指数，因此必然要对现实生活进行大量的调查和研究，从中归纳总结普遍规律并将其上升为理论，进而指导人们的生活实践。比如，2015 年我对深圳 30 位企业家朋友进行调查，分别从家庭总资产、净资产、现金流三个角度入手，看哪个因素更影响他们的幸福指数。通常人们会认为净资产越多的人越幸福，可调查结果出人意料，一些家底不厚的企业家朋友，虽然资产总量不算高，但他在持续地赚钱，而且收入在不断地增加，这类人的幸福指数普遍在上升；而那些家底厚，每月收入过百万，但收入势头在下降的人，幸福指数普遍在下降。相比之下，前者会感觉到更幸福。因此，现金流的持续正向发展和增大是影响人们幸福指数的重要因素。

总之，传统文化、科学原理、现实生活是幸福管理的理论基础和源泉，我们并不局限于从某一方面和角度学习，而是从三个不同角度综合学习。这是一个相对完整的系统，是幸福管理取之不尽、用之不竭的理论源泉。

第三节　幸福管理战略定位

很多人是行动派，认为任何事物只要干就有成果。这样的观点，在一些简单重复的工作范畴内有其价值，但一旦涉及诸多因素时，如果没有系统管理支撑，就难以获得成果。战略定位是系统管理的首要任务。《大学》讲道："物有本末，事有始终，知所先后，则近道矣。"幸福管理也是如此。

一、定本末

幸福管理涉及很多因素，从宗教角度看，包含人、神、物三个元素；从宇宙角度看，包含天、地、人三个元素；从社会角度看，包含个人、集体、社会三个元素；从个人角度看，包含身体、心理、精神三个元素。面对这么多因素，我们首先要定出事物的本末，才能抓住事物的重点。

（一）以人为本

供求协同幸福观表达了“以人为本”而不是以“物”和“神”为本的观点，把“人”作为万事万物的开端和起点，强调人的重要性，而“物”和“神”均处于“末”的位置，它们是为人服务的。

（二）以个人为基础

根据儒家思想提出的“修、齐、治、平”方略，我们可以把幸福管理分为个人、家庭、社会三个层面。古人云“穷则独善其身，达则兼济天下”，反映出修身是基础。如果没有修身这个基础，齐家、治国、平天下只能是空口号；只有在修好身的基础上，才可能逐步实现齐家、治国、平天下的梦想。

（三）以需求为导向

“以人为本”确定了幸福管理以人为中心的原则。幸福管理以人的心理需求为导向，而人的需求是多重的、变化的、综合的，只有坚持以人的核心需求为导向，才不会迷失“以人为本”这个基本方向。

二、定始终

每个人都在朝着幸福的方向努力，虽然他们有着共同的终点，但每个人实现幸福的路径是不一样的。比如，政治家通过治理国家与社会实现个人的幸福；企业家通过治理企业实现个人的幸福；作家通过写作实现自己的幸福。这是因为每个人的出发点不同造成的。

（一）定始点

始点的内涵有很多，不只是物理空间的位置，还包括与自己相关的一切因素。比如，时间、空间、身份、身体、心理、财富、人际、环境等现实条件。虽然每个人的条件各不一样，定位也不一样，但是本书关于身份的定位是统一的，我们既不是神，也不是仙，更不是佛，只是一个有着七情六欲的普通人。

（二）定终点

根据哲学三观，我们选择了幸福主义人生观，确定了幸福主义价值观，从而让我们明确了人生的终极目标是实现人生幸福，也就是我们在追求个人幸福的同时，要逐步努力实现他人幸福和社会共同幸福。

1. 定幸福管理目标范围

幸福管理可以根据管理对象的性质、大小、层次来划分，包含幸福个人管理、幸福家庭管理、幸福社会管理，其中幸福社会还可以细分为幸福组织管理、幸福社区管理、幸福城市管理、幸福国家管理等等。每个人可以根据自己的资源、能力和所处的环境以及自己的愿望，确定幸福管理的目标对象范围。有梦想、有能力的人可以将范围定大一点；如果只想过普通日子的人可以将范围定小一点，但无论范围多大或多小，都必须以幸福个人为基础。

2. 定幸福管理目标境界

每个人的幸福程度是不一样的，根据幸福的时间长短、强度大小、稳定程度，幸福呈现出三重境界，分别是幸福感、幸福情和幸福生活方式，幸福管理的目的就是让人获得这三重境界的体验，层次越高，幸福管理效果越好。目标到底定在哪一层，要具体情况具体分析，因人因时因环境变化而变化，但幸福感是幸福管理的最低要求。

3. 定幸福管理目标阶段

每个人追求幸福的目标阶段是不一样的，有的人只求当下获得幸福即可，今朝有酒今朝醉；有的人追求的是“今生有幸”，希望余生获得最大的幸福；也有的人追求的是“三生有幸”，希望在人生的轮回中均获得幸福。我们作为普通人，幸福管理的目标定位应是“今生有幸”。

在认清这些因素并确定好始点和终点位置之后，我们才能把它们连接成一条线，至于是直线还是曲线，则应根据需求而定。有了幸福管理的出发点和目标，我们才可以进一步设计幸福管理的方法和途径。

三、定宗旨

（一）和谐

宇宙自控调谐律阐明，和谐是宇宙的普遍规律，也是幸福管理所应遵循的原则。幸福管理的目的是使人与自然和谐、与社会和谐、与自己和谐，只有保持与各方面的和谐才可能出现“三感统一”的幸福感。但和谐不等于不要斗争，造成适度压力的斗争是可取的，它会推动着人的发展；但恶性的斗争是和谐的破坏者，我们是不主张采取的。

（二）发展

宇宙螺旋蛹动律阐明，发展是宇宙的普遍性规律，也是幸福管理所应遵循的原则。幸福管理的目的是让人体验幸福，提高人们的幸福指数，这是一个精神范畴概念。幸福感受永无止境，幸福指数可以趋于正无穷大。因此，没有最幸福，只有更幸福，我们整个人类都是朝着更幸福的方向持续努力的。即使有时走错了方向，用错了力，但从长期和整体的角度来看，人类的幸福指数是在不断提高的。因此幸福管理坚持以发展为宗旨。

（三）供求协同

幸福管理是有目的、有组织、有计划、有秩序的管理，为了持续实现幸福目标，不断地提高人们的幸福指数，我们坚持供求协同宗旨。

很多人在追求幸福的过程中，不是不努力，而主要是在平衡发展、可持续性发展方面出现问题，最终导致发展失调，无法实现幸福的目标。比如，现实生活中有很多人在 40 岁前拼命地用身体赚钱，这个时候有身体没钱不幸福；40 岁后又拼命地花钱养身体，这个时候有钱没身体也不幸福，结果整个人生幸福的时刻寥寥无几。供求协同完美地处理好了当下幸福与未来幸福相结合的问题，只要关注人当下及未来的需求，努力不让供求之间的差距太大，不超出人的能力承受范围，一直处于满足和良性压力的状态，那这个人的无数个当下就应该是幸福的。

当人处在供求协同状态时，适度压力会推动着人努力追求满足，推动着人的发展；满足当下需求后，虽然此需求再没有了推动力，但更高层次的需求产生了，它进一步推动着人的发展，因此供求协同完美地结合了和谐与发展两大主题，是幸福管理必须坚持的宗旨。

第四节　幸福管理方法策略

通过幸福管理战略定位，我们确定了幸福管理的根本、出发点、目标、宗旨等内容，下一步的任务就是如何把人从出发点带到幸福这个目标点，实现的途径很多，但效率不一样，因此我们提出了一套幸福管理的方法策略。

一、幸福管理三方法

根据我们研究出来的幸福方程式，可以看出幸福管理有供给管理、需求管理、供求关系管理三种方法。它们分别从“供给、需求、供求关系”三个维度进行管理，我们又把它叫作“幸福管理三维度”。

二、幸福管理三策略

根据幸福方程式中的三要素，结合现实生活，我们把幸福方程式通俗化。因为需求是有支付能力的需要，需要是物化的欲望，因此把需求管理调整为欲望管理；而满足需求的供给实为广义的财富，把供给管理改为财富管理；幸福的本质是情绪，把它称为情绪管理。由此幸福方程式洐生出幸福管理方程式。

幸福管理公式指明：当财富满足欲望时，人会产生正面情绪。人们让自己达到幸福的目的通常有三种策略。

策略一："富圆悦"模式

富圆悦指的是先创造供给，再满足需求，最后获得幸福，也就是先致富，后圆梦，再喜悦的模式，这种模式被人广泛采用。

人们通常根据自己的需求不断地创造财富，先使自己富起来，满足自己的欲望之后，他才开心、喜悦；这种方式的好处是鞭策人不断去努力追求，因为欲望是不断提升而且永无止境的，所以财富需不断地积累。不好的地方是财富不断积累的同时，欲望也会进一步提高，而欲望增长的速度通常会比财富增长得更快，因此，这条途径容易使人成为创造财富的机器，在创造财富的过程中经常会出现烦恼和痛苦，没有充分享受到欲望满足之后的愉悦感。

策略二："圆富悦"模式

指的是先圆梦，后富裕，再喜悦的模式。"圆富悦"指的就是节制、降低、调适自己的欲望，知足就是福。在财富保持不变的情况下，降低自己的欲望，很容易"圆"了自己的梦想，马上就感觉自己富了起来，然后会变得开心、喜悦，这就是"圆富悦"的模式。这种模式的好处是，当你的目标太高，而经过努力仍然无法实现时，可以降低自己的欲望，使自己获得正面情绪；但该模式有时也存在不利因素，即人在追求财富的过程中，如果遇到挫折和困难，造成人身心上的痛苦，此时人容易为了获得当下的舒适而降低自己的欲望，放弃长远目标，最终导致难以成就大事。

策略三："悦富圆"模式

指的是先喜悦，后富裕，再圆梦的模式。"悦富圆"指的是先调整自己的情绪，不管财富是否充足，欲望是大是小，都要先调整自己的情绪，先让自己开心、喜悦起来。

开心、喜悦是人们努力追求的精神财富，只要开心、喜悦，我们的精神财富就会富足起来；开心喜悦的人，由于情绪的感染功能和迁移功能，人际关系通常会变得和谐；人际关系的和谐，可能获得更多的商业机会，物质财富也容易跟着富起来。根据日本科学家江本胜先生提出的“水知道答案”，我们可以推知“心理充满喜悦的人，他身体里的水晶图案一定排列非常整齐有序”。水和矿物质都知道答案，那么微生物呢？我们身体里面的细胞、组织、器官、系统呢？它们也一定会知道答案。因此当我们内心充满着正面的情绪情感的时候，我们的身体也会变得健康起来；同理，我们身边的植物、动物等生态环境，它们也会知道答案，也会与人变得和谐起来。

因此，只要我们内心充满喜悦，我们的身体会健康，心里会愉悦，人际关系会和谐，财富容易增加，环境会和谐，所以不管怎么样，我们不依赖任何外在条件，先想办法让我们自己开心、喜悦起来，先悦后富再圆，这就是“悦富圆”的模式。

表 5–1　幸福管理三策略

内　容 / 种　类	模　式	特　征	主要因素
1	富圆悦	财富管理优先	环境主导
2	圆富悦	欲望管理优先	心理主导
3	悦富圆	情绪管理优先	心理主导

幸福管理三方法、幸福管理三策略，是幸福管理过程中的重要内容，做好了这些环节，我们幸福管理的结果才会更加圆满。

第五节　幸福管理执行步骤

幸福管理有了战略定位、方法策略后，还要有清晰明了的执行步骤，这样才会让幸福管理变得可操作、易执行。本节从宏观和微观两个层面分别提出了幸福管理的步骤。

（一）幸福管理三步骤

佛教指出我们人生中充满着痛苦，包含“生、老、病、死、怨憎会、求不得、爱舍离、五阴炽盛”等八苦，其实我们人生也充满着快乐和幸福。我们在追求幸福的过程中，一定会遇到痛苦，也会遇到快乐，而处理这些痛苦和快乐通常采用以下三个步骤：离苦、得乐、不苦不乐。

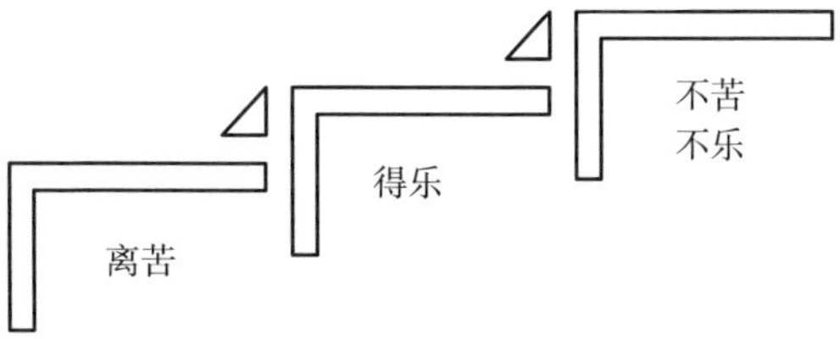

图 5–3　幸福管理三步骤

1. 离苦

根据“方法论系统”中的“二一分析法”分析可知：痛苦与快乐是一对阴阳，它们相互依存、相互作用、相互转化，是既对立又统一的事物整体。没有痛苦的世界不存在，没有幸福的世界不存在，但是痛苦在人生中所占的比例是可以调整的，那么如何让痛苦的比例减少，让快乐的比例扩大呢？现实生活告诉我们，回避、拒绝痛苦不仅不会减少痛苦，反而会增加痛苦，智慧的做法是面对痛苦、接受痛苦，这样的做法至少不会增加新的痛苦，再利用情绪管理方法，让人变得快乐起来。所以，“面对痛苦、接受痛苦”是离苦最快的路径。

2. 得乐

当一个人敢于面对、接受痛苦后，他已经抑制了新的痛苦源，但我们还要追求快乐。获得快乐的方式有很多种，前面已经讲到调整供给、调整需求、调整情绪、调整供求关系，当供求关系处在协同状态时，心理会产生持续的正面情绪体验，让这样的快乐成为一种习惯、生活方式，快乐在情绪中所占的比例将越来越大，我们的生活也会越来越幸福。在生活中学会主动“发现快乐”，甚至“创造快乐”，是“得乐”的重要方式。

3. 不苦不乐

当一个人面对和接受痛苦后，就抑制了新的痛苦源，又通过一系列的方法追求快乐，快乐也向其靠拢，那这样应该很幸福了吧？不是的，最高境界的幸福状态是不苦不乐。因为情绪存在着“钟摆效应”，有乐必有苦，乐多高，苦多深，只有当情绪非常平稳时，血清素持续分泌，从而产生淡淡的喜悦，这种不以物喜，不以己悲的从容淡定状态，就是不苦不乐的状态。

因此，离苦、得乐、不苦不乐是我们实现幸福生活的三个阶段。

（二）幸福管理的八条目

《大学》所提出的八目，是指“格物、致知、诚意、正心、修身、齐家、治国、平天下”。前面四级“格物、致知、诚意、正心”是“内修”；后面三级“齐家、治国、平天下”是“外治”。而中间的“修身”一环，则是连接“内修”和“外治”两方面的枢纽，与前面的“内修”项目连在一起，是“独善其身”；与后面的“外治”项目连在一起，是“兼济天下”。它既是为达到“三纲”而设计的条目工夫，也是儒学为我们所展示的人生进修次第，是“外王”的具体实现方法和步骤。

根据儒家八目原理，结合心理学、经济学、管理学等科学原理以及现实生活中熟知的主题，我们提出了幸福管理八条目，即

“认知管理、情绪管理、心态管理、心智管理、欲望管理、财富管理、消费管理、协同管理”，认知管理相当于格物致知；心态管理相当于诚意正心；心智管理相当于修身，而修身、齐家、治国、平天下又遵循“供求协同”规律，其管理原理是一样的，只是管理对象的范围大小不一样而已。因此，可以将修身、齐家、治国、平天下转换成“欲望管理、财富管理、消费管理、协同管理”，而欲望管理本质上就是需求管理，财富管理本质上就是供给管理，消费管理本质上就是供求关系管理。

再按心理学“知、情、意、行”的逻辑来看，认知管理属于“知”的范畴，情绪管理属于“情”的范畴，欲望管理属于“意”的范畴，协同管理属于“行”的范畴。

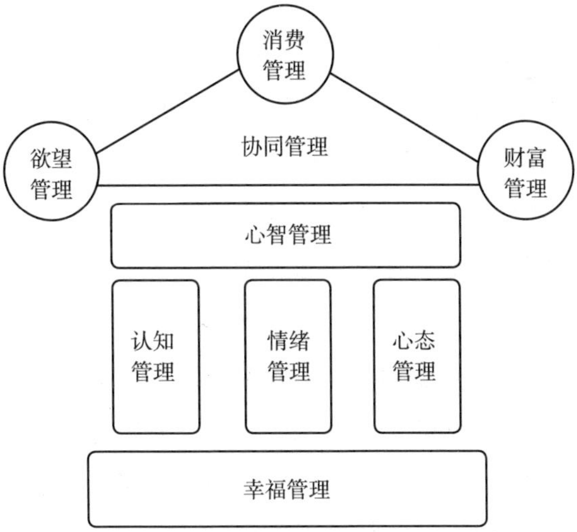

图 5–4　幸福管理八条目关系图

幸福管理八条目与儒家八条目相比，变得更加可操作。它把当今很多已存在的零散管理按照逻辑结合在一起，形成了有机的系统。

幸福管理执行步骤阐明了幸福管理的分类管理和操作流程，

使这个看似虚无的幸福话题在实际管理过程中，变得可以有条不紊地开展，是幸福管理体系中的重要组成部分。

“供求协同幸福观”的提出，为我们追求幸福指明了方向，让我们从千差万别的幸福现象背后，看懂了幸福的本质；从我们个人来讲，要想获得持久的幸福，不仅需要明白规律，还需要在实践中修炼自己、提升自己，做到理论与实践相结合。为此，我们需要身心修炼，具体从认知管理、情绪管理、心态管理、心智管理、欲望管理、财富管理等方面进行。

一、认知管理

儒家八目中的“格物致知”，实际上就是我们所讲的认知管理。认知是指人们获得与应用知识的过程，是我们认识事物本质及其规律的过程，是幸福管理的前提和基础。平时我们的认知活动比较感性、肤浅和混乱，而通过认知管理，我们的认知活动会变得理性、深入和有序，这样才可能使我们看清事物的真相，掌握事物的本质规律。所以，做好认知管理，对幸福管理有着重要意义。

人的认知通常是被动的，一般说来，只有感知、思维两个过程。这样的话，认知活动不够深入，获得的信息也不够准确，而格物致知属于理性的认知活动，要求全面、深刻、专注，我们将它分成“格物、感知、思维”三个阶段。

（一）十维格物法

根据字面意思理解，“格物”就是将事物放到格子里进行研究，发现事物的本质及其运行规律，从而获得正确的认知并指导人们的行为。格物法就是将研究对象按照一定的规则区隔成不同的格子，比如数学工具中的四象限法，就是用坐标系把一个平面分成四个区域，然后对事物进行研究。

格物是人认识宇宙的第一步，那到底该如何格物呢？儒家的格物方法早已失传，我们根据“方法论系统”“十维空间理论”的原理设计出了一套格物方法，简称“十维格物法”（如下表）。

表 5-2　十维格物法

○	一	二	三	四	五	六	七	八	九
点	线	面	层	内	外	过去	未来	属性	系统

点，是构成宇宙的最基本元素，它没有大小之分，属于○维。

线，是由无数个点连在一起构成的轨迹，是点的集合，它没有粗细之分，属于一维。

面，是几何学上一条线移动所构成的图形，它没有厚薄之分，属于二维。

层，是重叠起来的事物中的一部分，相当于高度，属于三维。

内，点、线、面、层结合在一起，构成了一个体，而体又分出了两部分，一部分是“内”，属于四维。

外，点、线、面、层结合在一起，构成了一个体，而体又分出了两部分，一部分是“外”，属于五维。

过去，静态的物体达到体内和体外就已经分到了极限，现在加上时间维度，就又可以分成两部分，一部分是“过去”，属于六维。

未来，在时间的维度上，相对于过去的另一部分，属于七维。

属性，指同一事物的体征受不同身份、功能、属性的影响，从属性的角度又可以增加一维，属于八维。

系统，指同一事物在不同的系统中，呈现出的空间状态是不一样的，属于九维。

从〇维到九维总共十个格物法，我将其命名为“十维格物法”，就像数学里的坐标系一样，我们把宇宙拆分成无数个格子，把认知对象放在特定的格子里，对其进行定位和观察研究，这样的认知方法保证了认知的有序性、完整性和系统性，是获得理性认知的重要方法。

（二）内外观察法

观察法是人通过有意认知活动，获得对事物理性认识的一个心理活动，包括向内观察法、向外观察法、内外观察法等多种。

向内观察法是通过观察自己的身体感觉、心理感受、心理变化、事物变化，从而认识宇宙规律并修行有成的一种向内观察的方法，它对于安静、专注、深入观察非常有价值。

现场勘查法是一种有目的、有计划、相对持久的认知活动。我们将内观法和现场勘查法相结合，创造了一种新的观察方法，叫“内外观察法”——就是在我们认知事物时，通过六种感觉器官向外获得包括视觉、听觉、嗅觉、味觉、触觉、意觉等在内的信息，同时向内观察自己的身体感觉、心理感受、心理的变化及其规律等信息。内外观察法是一套完整系统的观察法，对深入研究事物有重要的应用价值。

（三）十维思维法

通过格物和观察，我们可以感知到大量的信息，但这仍是感性认知阶段，要想获得事物的本质及其规律性的认识，必须要进行理性认知。思维、联想、想象就是进入理性认知的途径，但不同的思维方法有不同的结果，就如二维思维像平面复印机，复印不出三维的东西来，因此思维方法决定了理性认知的深入层次。

以下是针对十维格物法归纳出来的十维思维方法，具体内容如下：

运用十维思维法，将大大提高我们的认知水平和层次，为我们把握事物的本质和规律提供了高效、便捷的工具。

表 5–3　十维思维方法比对表

维　度	思维类别	思维方式
○维	点思维	痛点、痒点、兴奋点、优点、缺点
一维	线思维	逻辑思维、逆向思维、系列思维
二维	面思维	区域思维、平台思维
三维	层思维	层次思维、次第思维
四维	体思维	整体思维、局部思维
五维	内思维	内向思维、归纳思维
六维	外思维	外向思维、演绎思维、发散思维
七维	联系思维	关联思维、作用思维
八维	变化思维	辩证思维、运动思维
九维	系统思维	全面思维、系统思维

认知管理从格物、感知和思维三个维度进行，这样让认知变得更加全面、理性、深入、有序、系统，是非常科学的方法。

当然，认知管理只是完成了第一步，而所有认知终究需要落到实际生活中，因为实践是检验真理的唯一标准。在检验认知的过程中，要采用一分为二的方法，不能因为整体效果不佳，就全盘否定认知的正确性；虽有很多的无效，但不代表整个认知是错误的，可能只是部分错误，这就要求通过多次观察、思维和多次实践检验，不断地深入认知，不断地修正认知，直到获得真理为止。

二、情绪管理

情绪管理是指通过对自身情绪和他人情绪的觉察、认知、调适、激励等一系列的管理措施，充分提升人的情绪智商，培养驾驭情绪的能力，使人尽可能持续地处于良好的情绪状态，其终极理想境界是“随心所欲不逾矩”。

情绪是人类的本能，比如因为恐惧，人会远离风险；因为喜欢，人会追求等。它对促进人的生存和发展起着重要的作用。人类一直在追求快乐幸福的人生，而快乐幸福的本质都是正面的情绪体验，心理学家大都从生理和心理机制入手研究情绪的功能，实际上从社会生活的角度观察，可以发现情绪还有一项重大功能——消费功能。从这个角度讲，情绪是我们的生活日用品，快乐幸福是奢侈品。我们进行情绪管理的目的就是要将这些精神奢侈品变成日用品。情绪管理可以从以下四个维度进行：

（一）提高情商

情商涉及五大能力，包括情绪的自我觉察能力、情绪的调控能力、情绪的激励能力、觉察他人的情绪能力以及在人际交往中情绪互动的能力。

提高情商的首要任务就是提高对情绪的觉察能力，及时觉察到自己或他人的情绪产生和变化。由于每个人感官系统的敏锐度不一样，每个人的注意力特征也不一致，因此每个人对情绪的觉察能力是不一样的，提升对情绪的觉察能力是提升情商的第一步。

提高情商要提高自我情绪的调控能力，当情绪过于高涨的时候，要有能力把它拉下来，控制好度；当情绪过于低落时，要有能力把它提上去，尽量保持正面情绪状态；当情境需要时，可以随时调适自己的情绪，以满足情境的需要。综合提升上述能力，就可以提高人的情商。

（二）善用情绪信号功能

情绪除了消费功能以外，还有一个重要的信号功能。也就是说，当人遇到环境刺激而无法判断这个环境对我们是有利还是有害时，通常情况下不需要经过大脑思考，潜意识已经给出了态度，并通过情绪表达了出来。比如，“喜”的情绪表达了这个环境是符合我们的要求，是我们想要的，要去追求它；相反“悲”的情绪表达的是这个环境不符合我们的要求，是我们不想要的，要远离它。

不管什么情绪都会表达其特定的意思，我们需要对其进行解读。负面情绪也有其正面价值，比如“恐惧”，它表达的意思就是这个环境对我们构成了威胁，我们还搞不定它，那么就应该选择回避或逃离。“愤怒”表达的意思就是这个环境对我们构成了威胁，但我们搞得定它，并准备面对和战斗。这两种情绪虽然令人不舒服，但它会让人规避风险，为解决问题起到了积极正面的作用。

（三）释放负面情绪

当人觉察到情绪的产生和意义后，信号功能的价值就会发挥完毕，但由于情绪习惯等因素的影响，此时的情绪通常会持续一段时间。这时候针对情绪的消费功能来讲，正面情绪是好事，我们要尽可能地让它延绵不断；但负面情绪可不是好事，我们应该立即对其采取处理措施。

比如，我们踩到一条毒蛇，恐惧让我们逃离，但是事后一想起这个情景，我们全身就会冒冷汗，这样的负面情绪就应该尽量减少。更严重的，有些人孩提时代受到过惊吓，比如说父母亲不要你了，我们再也不爱你之类的话题，都可能吓到孩子，而且当时将这种负面情绪固结在潜意识里，一遇到类似情境就会出现孩子时期的那种恐惧，这就已经形成了心理疾病。

情绪是流动的能量，有生起、消失的过程，因此负面情绪的能量要及时释放，否则会影响人的身心健康。释放负面情绪主要有以下几种方法：

1. 身心放松法

情绪的产生必然有其生理基础，负面情绪会使人肌肉绷紧、心跳加快、血压升高等，甚至让人的身体变得紧张，而身心放松法就是通过音乐、香熏、运动、按摩、洗热水澡等方式，使身体肌肉松弛下来，令积压的能量得到释放。

2. 适度宣泄法

适度宣泄法就是将压抑在心中的事情，通过写日记、聊天、唱歌、运动等方式，在不伤害他人的前提下，把积压的能量释放出来的方式。我在做心理咨询时，就采用静心、专注地聆听等方式引导求助者把压抑的话题讲出来。求助者刚开始通常是不说话，欲言又止，但一旦说开了，便关不住话匣子，我只要认真聆听即可，等说完了，他们的心情就好了很多，咨询任务也就完成了一半。

处理负面情绪的方法有很多，我将在今后的书籍里讲到，这里就不再赘述。

（四）培养正面情绪

从情绪的消费功能看，正面情绪就是我们最大的财富，每个人都希望正面情绪像工厂生产出来的优良产品一样，源源不断地被生产出来。培养正面情绪通常有以下几种方法：

1. 环境转换法

选择和转换适合我们需求的环境，是人的智慧，当然这个环境包含自然环境、社会环境、家居环境、人际环境、工作环境等。有些环境不是我们想换就可以换的，但有些微观环境是可以换的，比如人际圈子。自己的家人是不可随意选择的，但是朋友圈是可以选择的，如果一个人生活在一个狭小的人际圈子里，尤其是负面的人际圈里，若是一群负能量的人在一起相互倾诉、相互抱怨，就会形成一个负面能量的漩涡。当一个环境不适合我们时，我们就要果敢地换一个合适的环境。

2. 注意力转移法

当一个人处在特定的情境中而无法转换外在的环境时，我们便可以通过转移注意力来达到培养正面情绪的目的。比如，我儿子患了先天性脑瘫，运动功能受到一定的损害，从这一点上看，肯定会让人感到遗憾，心里不舒服，很多同类孩子的父母亲也会不接受这种现实，不带孩子参加社会活动，平时沟通中充满着抱怨，父母从此失去了斗志，孩子更会感到自卑，整个家庭的幸福就在这一点上被毁灭了。然而我引导整个家庭发掘孩子的优点，关注他的优点，接纳他的缺点，将注意力转移到积极正面的方向。在我们眼里，他是一个正常的孩子，是一个非常优秀的孩子，因此，我们没有一点抱怨。儿子接纳了自己的先天不足，看到了自己内在的积极心态和正面思维，脸上就一直挂着灿烂的笑容。

情绪管理的内容非常多，在这里不一一描述，但要提醒大家的是，在学习情绪管理的时候，不能只学一截，要将整个流程都学会。记得我初学情绪管理的时候，首先提高了觉察能力，对很多事情变得敏锐，甚至敏感，平时不反应的事情，也产生了情绪反应，可是我没有学会情绪处理，结果搞得自己的心情比没学前更糟糕。经过后面的系统学习，除了提高觉察能力以外，我还学会了钝感力，以及情绪的处理和释放，这样才逐步提高了自己的情商。通过本书的学习，希望大家都能够掌握情绪管理的精髓，成为情绪管理的高手，做一个幸福的人。

三、心态管理

根据儒家八目可以知道，在“格物致知”后，便是“诚意正心”，诚意与正心都属于心理倾向性的内容，表现为心理态度，因此，我们把该部分内容叫作“心态管理”。

（一）诚意

诚意就是内心的意愿与打算做的行动，内外表现一致。要做到诚意，必须做到三点：身心合一、言行一致、意愿坚定。

1. 身心合一

根据弗洛伊德的人格结构理论，每个人均由本我、自我、超我“三个我”构成，它们分别代表着生理需求、心理需求、价值需求；通常这三个“我”的态度是对立的，内心不和谐，自我的意志得不到本我、超我的支持，意志就难以得到贯彻执行，即使意志得到执行，也必须首先把本我或超我的需求压抑下去。这样就会出现身不由己、言不由衷的现象，这种身心不合一就是意不诚的表现。

“身心合一法”就是经过自我的协调，使矛盾的“三个我”和谐统一起来的心理调适法。比如，与太太在街上散步时遇见美女，本我被美女所吸引，很想盯着看，可超我不同意，它要注意自己高大的形象；自我既要接受超我的监督，又要想办法满足本我的欲望，还要注意太太的感受，这时本我、超我两者出现矛盾，自我一边压抑着本我的欲望，一边寻找机会满足本我，于是会趁太太不注意的时候，偷偷地看几眼，最终使三者之间的矛盾得到解决，使三者和谐统一。

其实生活中有很多事情是可以使三个“我”和谐统一的，比如太太买了件新衣服，穿起来很性感，很快就吸引了本我，因为对象是太太，此时的超我也表示同意，支持本我的行为，自我同样同意本我、超我的意愿，此时三者同时得到满足，就可以做到身心合一，诚心诚意的状态就表现出来了。

2. 言行一致

言行一致是指说的和做的完全一样。可是，人们通常在说的时候容易豪气万丈，而在行动过程中，往往会遇到意想不到的困难和阻力，这时如果没有决心，则很可能选择当下的舒适，从而放弃说的内容，出现言行不一致的情况，这也是一种意不诚的表现。反之，如果言行一致，做完事后，我们的感受完全不一样，会感觉自己很有力量，对目标会更加坚定，也更愿意自觉去做。

3. 意愿坚定

意愿坚定是指我们打算做一件事情，决心非常坚定，不怕困难，坚决执行。在决定是否要做某件事时，要充分意识到在行动过程中可能会遇到的困难，针对困难需要付出多大的努力，这些代价是否愿意承担，这时需要自我根据目标的意义和价值，决定付出多少代价，在确定的代价范围内下定决心，心不再摇摆，全身心地去努力完成任务，这样才算是意愿坚定。当我们做到意愿坚定的时候，就调动了全身所有的资源，从而愿意为将要执行的事情付出必要的代价。比如，因为幸福事业涉及面太广、难以实施，许多专家望而却步。我深知研究幸福的过程中一定会遇到很多困难，但早已下定决心：我的下半生只做这一件事，遇到困难是必然的，只要坚定信心，逢山开路、遇水搭桥，成功一定属于我。

（二）正心

正心就是使心态正向。心态包含心理态度和心理状态两层意思，此处指的是心理态度。态度是个体对特定对象所持有的稳定的心理倾向。这种心理倾向蕴含着个体主观评价以及由此产生的行为倾向性，主要包含认知、情感、行为倾向三部分。正心可以从“人格平衡”和“心态正向”两方面入手。

1. 人格平衡

在人的成长过程中，受到先天及后天条件的影响，“三个我”的成长速度和强度不一样，导致人格结构发展不平衡，从而产生了人格偏向。前面已经讲到了七型人格，除了和谐型以外，其他均是不平衡型人格，严重的甚至会产生人格疾病，如精神分裂症等。

运用七型人格模型中的“对角、对边”改善法，可以改善不良人格，使人格逐步平衡发展起来。

2. 心态正向

正面的态度容易令人获得正面的情绪体验，调适心态，使心态正面是幸福管理的重要因素。根据十维格物法，我们从面的维度、层次维度、时间维度三个方面，格出了九大正面心态。

（1）从人格结构面来分

从人格结构面分，有积极、乐观和热情三大正面心态。

本我的正面心态是热情，是指人参与活动或对待别人所表现出来的热烈、主动、友好的情感或态度，但不持久。

超我的正面心态是乐观，乐观是一种习惯看事物正面的人生态度，这种人容易获得正面情绪情感，属于感性的人，但在遇到理性问题时，容易忽略风险，放大机会。

自我的正面心态是积极，积极是朝着有利于生存和发展的方向努力的人生态度，属于理性的人，为了目标，可以放下当下的快乐，甚至选择痛苦，努力去获得更大的人生目标。

与以上三个正面态度相对应的是消极、悲观和冷漠三大负面心态。

表 5–4　从人格结构面分正面与负面心态表

正面	积极	乐观	热情
人格	自我	超我	本我
负面	消极	悲观	冷漠

（2）从时间维度分

从时间维度分，可分为过去、现在、未来三个子维度，人对这三个方面的正面心态分别是感恩、分享、希望。

感恩就是看到过去的人、事、物满足自己需求的景象，从而对其表示感谢的正面心态。因为看到的是成功和满足，人体会到的是过去的满足带给自己的正面感受，自己是舒服的；被感恩的人，一是看到自己曾经的付出得到了价值的体现，二是获得了对方的认可，并有可能获得回馈，他的感受也是舒服的。感恩只属于心态范畴，并没有付之于行动，但它是一种令自己和他人同时幸福的重要心态。

分享就是将当下获得满足的喜悦，分享给身边的人，由于情绪的迁移功能和感染功能，别人也会受到正面情绪的感染，从而获得正面的情绪体验。分享是使自己舒服，别人也舒服的一种重要心态，是使自己和他人幸福的重要手段。

希望是对未来满足需求充满着憧憬，大脑里浮现出成功的场景，潜意识已经体验到满足需求的滋味，是用虚拟的成功来提前享受的方法，“望梅止渴”就属于这种方法，它可以使人充满动力去追求未来的成功，是实现幸福的重要方法和手段。

与之对应的负面态度有三个：抱怨、受苦和无望。

表 5-5　从时间维度分正面与负面心态表

正面	感恩	分享	希望
时间	过去	现在	未来
负面	抱怨	受苦	无望

（3）从层面维度分

从层面维度分，针对自己不应该做而做了的事情所表现出的正面心态是廉耻；针对自己应该做的事情的正面心态是责任；针对自己可以不做但有利于他人的事情的正面心态是博爱。

廉耻是对自己的行为评价，即使没有外界的批评指责，自己也会产生一种廉耻感，让良心受到谴责，儒家讲到的“慎独”就是这种方法，它是一种理想的自我管理方法，被管仲提为“国之四维”，廉耻心是实现个人幸福与社会幸福的重要心态。

责任是指个人对自己和他人、对家庭和集体、对国家和社会所负责任的认识、情感和信念，以及与之相应的遵守规范、承担责任和履行义务的自觉态度。它是一个人应该具备的基本素养，是健全人格的基础，是家庭和睦、社会安定的保障。在社会交往中，具有责任心的人，不会出现推诿、拖拉等现象，会积极主动地完成应该完成的任务。责任心是实现个人幸福和社会幸福的重要心态。

博爱是针对不属于自己的义务，但又积极主动帮助别人的事所持的正面心态。当人对生活中的人、事、物充满着仇恨或偏爱时，许多事情都会令他产生负面的情绪和情感，令他自己和对方都不舒服，相反，当他内心充满着爱时，看什么都顺眼，看什么都令人愉悦，这时爱心者自己内心喜悦，对方也非常舒服，是实现个人幸福和社会幸福的重要心态。

与上面三个正面心态对应的负面心态是：无赖、敷衍和仇恨。

表 5–6　从层面维度分正面与负面心态表

正面	廉耻	责任	博爱
属性	负面	中性	正面
负面	无赖	敷衍	仇恨

当我们从人格层面做到积极、乐观和热情，从时间维度上做到感恩、分享、希望，从层面维度做到廉耻、责任和博爱时，我们就做到了良好的心态管理。

四、心智管理

儒家八目中“诚意正心”之后就是“修身”，修身指“修养身性，具体表现为择善而从，博学于文，约之以礼”。按照心理学术语讲，修身就是修改我们的“心智模式”，是指我们以特定的思维习惯、情感习惯和行为习惯去认识事物的过程。然而，现实生活是复杂多变的，如果总是以特定的思维去认识事物，必然会经常遇到不符合事实的情况。因此，要尽可能地让认知符合实际情况，这就需要对我们的思维习惯、情感习惯和行为习惯进行科学管理，从而达到实事求是的理想境界，这便是“心智管理”。

我们经过多年的研究发现，以下三种方式对于“心智管理”特别有效。

（一）信念管理

信念是人们对事物的判断、观点或看法，是人们所带有的相信这份情感的观念。观念只是一个普通信息，并不会影响大脑的运行，信念则不同，它是稳定的、持久的、参与大脑决策的观念，它是固化了的数据，其本质与模式和习惯是一样的。人的三观属于信念范畴。

心智管理必然涉及信念调适，而改变信念有很多种方法，通常可以采取改变立场、观点、角度等方法来改变信念。

（二）静心内观

“知止而后有定，定而后能静，静而后能安，安而后能虑，虑而后能得”，儒家七证阐明了静心内观的方法和步骤。

认识事物的本质及其运行规律，首先要停止一切违背事物发展规律的行为，停止干扰目的达成的行为，使人心里变得稳定和更专注于目标，此时环境的干扰和内心的噪声得到隔离，心里变得简单平静，不再为过去已经发生的事情烦恼，也不再为未来还没发生的事情而担忧，内心充满着安全感，这个时候再思考问题，就很容易得到正确的见解和思维。这就是儒家静心观察法的逻辑。

道家有静坐法，“致虚极、守静笃”；佛家有静心内观法，“戒、定、慧”；三家都有静心内观法，其原理和方法大同小异，只不过佛家内观法更加深入。

静心内观的目的是停止原有习惯性的身心反应，让潜藏在意识和潜意识中的模式和习惯失效，让静心内观的新习惯生效，从而达到改变习惯的目的。

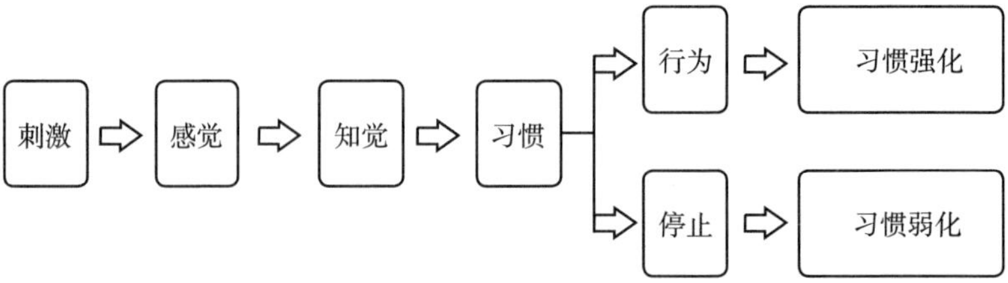

图 5–5　静心内观

上述静心内观法，显得过于专业。根据这个原理，我创造了普通人都适用的静心内观方法——卧观。这种方法简单易行，是我用来研究幸福的重要方法。

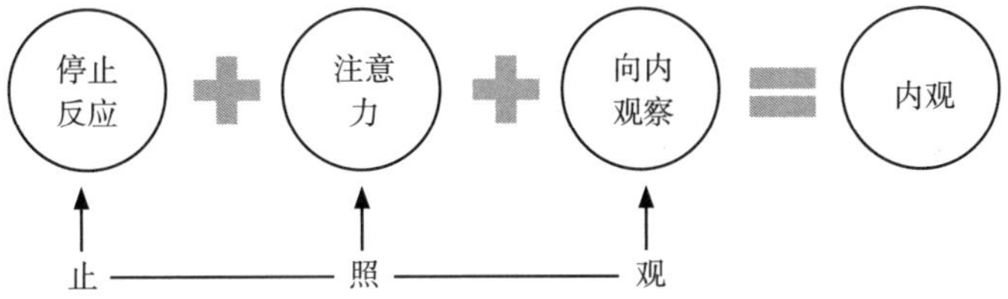

图 5–6　卧观法简图

人经过一个晚上的睡眠，疲惫的身体得到充分的休息，肌肉和心情都得到放松，早上大脑 α 波活动频繁，是灵感集中爆发时期。当人醒来时，不要睁开眼睛，身体依然静静地躺着，开始向内观察大脑产生的念头。此时因为人还不太清醒，意识仍然处在休息状态，而潜意识已开始正常运作，很多念头就像湖面上的水泡泡，一个一个地冒出来。如果你不注意观察这些冒出来的念头，那么它们就会像水泡一样很快消失了。所以说这个时候我们闭上眼睛，不要有任何的动作、语言和行为，将注意力集中在一直冒出来的念头上，并将那些不关心的念头放过去，一旦发现与自己工作、学习相关的重要念头冒出来，便全神贯注地观察。你只要观察这些念头是怎样生起、怎样变化的，它们就会引起你的一些思考。记住，只是观察，而不做任何反应。起床之后马上将你的观察记录下来，这将带给你巨大的灵感。我的很多创作灵感就是这样产生的。这就是我发明的"卧观法"。

（三）刻意练习

刻意练习是指在构建良好心智模式的前提下，运用大脑适应能力，去做既有目的又能获得指导的持续练习。

刻意练习的目的是形成新习惯。旧习惯一旦养成则不容易改变，所谓“习惯”其实是以神经纤维电缆组合的形式“长”在大脑之中的，髓磷脂一旦把神经包起来，它便不会自动散开。改变旧习惯的唯一办法就是形成新习惯，建立新习惯的唯一途径就是刻意练习。

那么刻意练习包含哪些基本原则呢？

首先，刻意练习需要跳出“舒适区”。心理学家把人的知识和技能分为层层嵌套的三个圆形区域：最内一层是“舒适区”，是我们已经熟练掌握的各种技能；最外一层是“恐慌区”，是我们暂时无法学会的技能，二者中间的部分则是“学习区”。只有在“学习区”里面练习，一个人才可能进步，所以刻意练习发生在人们的“舒适区”之外，而且要求学员持续不断地尝试那些刚好超出他当前能力范围的事物，这需要人们付出近乎最大限度的努力。我们要让自己处于“学习区”而非“舒适区”，尽管那会让我们有一点不愉快。如果长期处于“舒适区”，我们是难以取得进步的。

其次，刻意练习要设定总体目标，以及划分朝着这个总体目标前进的阶段性的过程目标，以便完成一个又一个小的改变，最终形成更大的变化。

最后，刻意练习是有意而为的，它需要人们完全关注和有意识的行动，需要学员紧跟他练习的特定目标，以便能作出适当的调整，以控制练习。

刻意练习，针对每一个有梦想的人，把它用在生活中，将会让我们的生活更美好。那我们该如何运用刻意练习原则呢？

首先，保持专注很重要。如果我们以游戏的心态来练习，可能不会有任何进步，我们需要用更好的注意力来练习。不专注，你的练习是不会有效果的。

其次，保持持久的动力很重要。许多人都会强调意志力，但比起意志力，更重要的是保持动力。只有保持了动力，我们才能持续地进行训练，直到成为高手。很多人在新年的时候提出了许多目标，却连一个月都坚持不下来；很多人办健身卡时都兴致勃勃，到头来只去了十天八天，这就是动力问题。我们要想办法增强外部动力，使你自己身边的人都鼓励、支持你的努力，让身边都是支持你的人。

最后，精心设置目标很重要。俗话说，“积小胜为大胜”“积跬步以至千里”，我们在制订一个大目标的同时，可以将漫长的旅程科学地分解成一系列可控的目标，并且每次只关注它们中的一个，甚至可以在每次达到一个目标时，给自己小小的奖励。

不论如何，刻意练习是个重要方法，值得我们把它运用到日常生活和工作中去。我们平时做的绝大多数事情显然都不符合刻意练习的特点，这可能就是为什么大多数人都没能成为世界级高手的原因。从今天开始，让我们成为“练习人”，创造全新的自己吧！

五、欲望管理

欲望是因为人的内心感到不满足，产生想要得到满足的一种心理诉求，表现为“我要……”“我不要……”两种形式，是人行为的原动力。

欲望不满足会让人不舒服，从而推动人努力去寻求满足，便产生了动机；有了动机，就会促使人去寻找满足欲望的某类事物，这就产生了需要；当把需要锁定到具体某类事物上，而且认为有能力实现时，这就变成了需求；当把需求锁定到某个具体事物上时，那就变成了目标。目标管理、需求管理、需要管理、动机管理的本质均属欲望管理。欲望管理不是要一味地放大欲望，也不是一味地节制欲望，而是针对幸福的终极目标，提倡合理欲望，压抑或转移不合理欲望，让人的欲望在自身能力、环境条件允许范围内，推动着人朝幸福的目标发展。

（一）欲望管理方法

欲望产生之后，就会出现一个现实值与期望值的缺口，这个缺口让人产生心理压力，压力推动着一股能量运动。这种能量运动要得到管理，否则会让人产生负面情绪，从而让人不幸福。管理这股能量有以下四种方法：

1. 压抑不合理欲望

当现实环境不能满足人的欲望时，这种欲望被意识强行抑制，并把它埋藏在潜意识里，这种方式叫压抑。这种欲望仿佛未曾出现过，其实它并未消失，只是暂时储存在潜意识里，这股能量被固结在那里，等待条件成熟时，它又会在意识层面浮现出来。

2. 转化不合理欲望

当现实环境不能满足欲望时，欲望通常会被压抑暂存在潜意识中，这股心理能量被固结，只要条件允许，它又会冒出来。所以，只有将该种环境不允许实现的欲望，转化成另一种允许实现的欲望，去寻找满足从而释放这股能量才最合理，这种方法叫转化。当然与此类似的方法还有很多，比如升华等。

3. 激发合理欲望

生活中欲望太高不好，但欲望太低也不一定好，比如一个业务员没有追求事业成功的欲望，那就不好；一个学生没有学习的欲望，也不好。这时就需要去激发他们的欲望。通常是设定一个小目标，让人轻而易举地得到满足，然后逐步扩大欲望，让人不断地获得成功的感觉，从而激发追求成功的激情。

4. 满足合理欲望

当欲望形成后，这股由压力推动而形成的心理能量，驱动着人努力追求目标，去实现心理的满足。当人满足后，身体肌肉放松，心情愉悦，积累的能量得到释放，这是通常采用的模式。

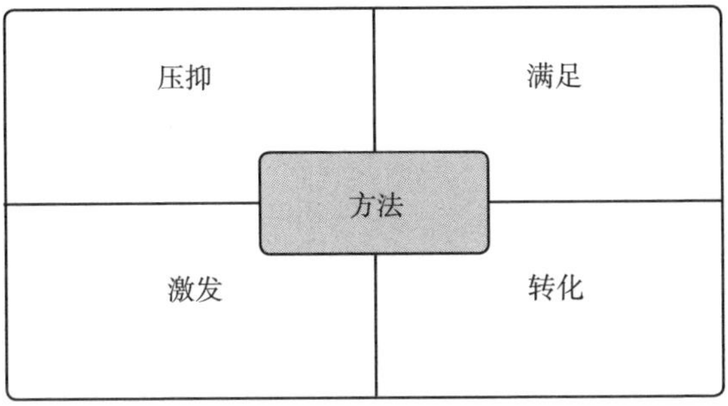

图 5–7　管理欲望的方法

（二）欲望调节方法

欲望管理是建立在欲望调节基础上的，欲望的产生主要受心理压力的影响，我们根据佛学、心理学等知识，对压力产生的心理机制进行了剖析，具体过程如下图所示：

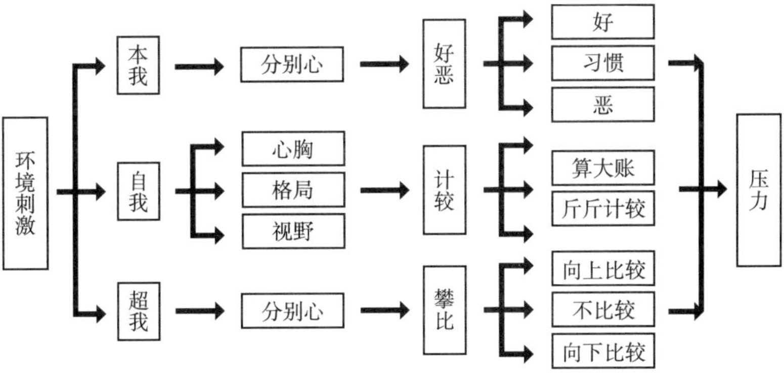

图 5–8　压力产生机制图

1. 调整心理结构，改变欲望

（1）调适好恶、情感、价值标准

当现实环境刺激人的身心时，人的心里就会根据自己的好恶、情感、价值标准作出倾向性的评判，从而产生符合自己意向的想法，这就是欲望。因此，调整人的好恶、情感和价值标准，可以调适人的欲望。

首先，调适好恶。如果将之前喜欢的事物调整为不喜欢，我们个人的好恶就会发生改变。比如，我是湖南人，喜欢吃辣椒，以前没辣椒不吃饭。可是到了深圳后，这里天气潮热，吃辣椒容易上火，消化道不舒服。慢慢地，我也就不太吃辣椒了。通过"我认为吃辣椒容易上火"这种调整，我调整了之前的喜好。

其次，调适情感。对原来持有的情感态度进行调整，甚至翻转，就会出现不一样的结果。比如，以前我的一个客户的采购员砍价很厉害，让我们这些供应商心里很不舒服，大家都讨厌这个人。然而，一次偶然的机会，她被招聘到我们公司做采购，此时，我有了如获至宝的感觉，并且大力支持她砍价。

最后，调整价值标准。当价值标准调整后，事情会跟着发生相应的变化。如 2014 年前，我认为拥有财富的数量可以衡量一个人的价值，因此那些年通过买房产、做生意、炒股票，积累了一定的财富。然而，我时常问自己：买房子、炒股票虽然让我们获得了财富，但是我们又为社会带来了什么？后来通过幸福研究发现，人的价值不是体现在拥有多少财富上，而是体现在满足多少人的需求上。因此，我停止了房产买卖和股票投资，全身心地投入到幸福研究和传播的公益事业中来。

（2）调整攀比、计较、贪嗔

人格结构中的本我对喜欢的事物贪婪，对讨厌的事物嗔恨；超我习惯于与人向上攀比，追求完美；自我习惯于计算成本收益，追求自己利益的最大化。

首先，通过控制自己的贪婪与嗔恨，使我们的欲望适可而止，不去追求超越事物规律的过度欲望。比如，2015 年中国股市 6000 多点时，大家都说要涨到 10000 点。虽然当时无论基本面还是资金面等都不支持这样的论断，但贪婪的欲望仍然消灭了一批大土豪。

其次，通过调整攀比的方向，调适自己的欲望。如果环境支持、自身条件允许，我们有能力很轻松就能完成目标时，可以采取向上攀比，推动着我们持续向上发展；当我们为了完成任务做得很累时，则可以采取向下攀比，通过降低自己的欲望，使自己变得舒服。

最后，通过调整计较的层次，调适自己的欲望。通常理性的人喜欢算账，但有算大账与算小账的区别。算小账的人给人感觉斤斤计较，让人不舒服，而大账往往算不来；算大账的人不拘小节，但大账丝毫不放松，这样的人才是成大事的人。所以我们应提升自己的格局、境界，少算小账，精算大账。

（3）调整分别心

这是佛家调整人欲望的一个根本方法。分别心是计较、攀比、贪嗔的根源，当一个人对人、事、物没有分别心，对它们的态度是一样的时，行为也不会有区别。比如，要扩大自己的爱心，把别人的孩子当自己的孩子看待，就会马上对别人的孩子有好感。当一个人觉得受到不平等待遇时，可以建立平等心，使行为变得一致；当要对人、事、物区别对待时，则加强分别心，使不同对象有不同的待遇。比如，根据公司员工的贡献度，给予员工不同的待遇。

（4）调整习惯模式

欲望产生的机制固化后容易形成模式。模式形成后，需要外界的刺激，它会自动产生欲望。比如，小偷形成习惯后，不偷就不舒服。现在还有很多企业主，习惯性地经商赚钱，一天不赚钱，心里就发痒。他并不是为了赚钱养家糊口，也不是赚钱尽社会责任，其实那只是他的习惯性欲望而已，调整习惯就可以调整欲望。

2. 调整梦想目标，改变欲望

梦想是人们渴望得到实现的理想追求，对人的行为起着长远的驱动作用。目标是短期的梦想，梦想越清晰、渴望越强烈，欲望就越大，驱动力就会越强，梦想实现的可能性就越高；相反，梦想模糊、意愿程度不强烈，欲望不大，驱动力就会越弱，梦想实现的可能性就越低。所以很多营销课程最重要的一环，就是放大你的格局，挖掘你的梦想，然后把它写在纸上，变成图片，挂在墙上，刻在心里，让人无时无刻不体验着实现梦想时的美好感受，不断地刺激着欲望，推动着自己持续努力前行。当然，当太高太大的梦想让自己不舒服时，也可以通过模糊、淡化的方法，让我们的欲望变得弱化或虚化。

管理好了欲望，也就管理好了行为动机，能够有效防止因人的“主观乱动性”造成的人与环境的矛盾冲突，同时能充分发挥“主观能动性”，从而促成人与环境和谐相处，提高人的幸福指数。

六、财富管理

财富有广义财富和狭义财富之分。广义财富是指能够促进人的生存和发展，同时能够满足人的欲望的人、事、物、知识、信息、关系等的总称，它包含物质财富和精神财富等。比如，传统文化所讲的五福临门就是五大类别的财富：长寿、富贵、康宁、

表 5–7　广义财富与狭义财富比对表

标准 种类	本　质	内　容
广义财富	幸运得到的福祉	长寿、富贵、康宁、好德、善终
狭义财富	经济学范畴的资产	实物资产、虚拟资产、货币资产等

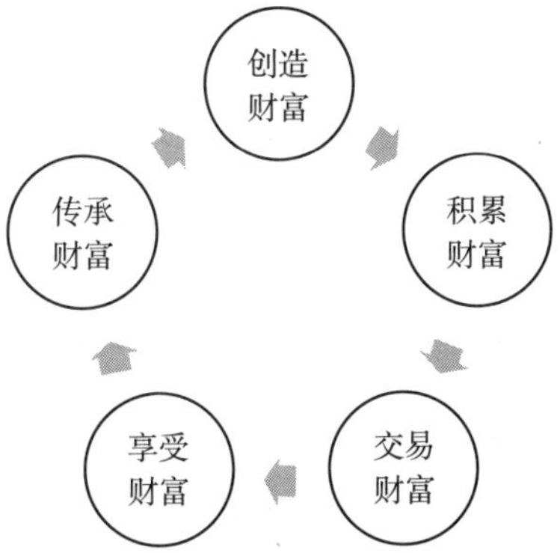

图 5–9　财富管理的目的

好德、善终等。狭义财富指的是实物资产、虚拟资产、货币资产等经济学范畴的东西。我们这里所讲的是广义的财富。

财富管理的目的是让人更好地创造财富、积累财富、交易财富、享受财富、传承财富，让人充分享受财富带来的幸福体验。

（一）创造财富

人的需求是复杂多变的，初始的自然资源和社会资源往往难以满足人们日益增长的物质精神需要，为了更好地满足人们的欲望，人们努力地用新的办法、途径去创新和创造更多的财富。创造财富有生财和求财两种方法。

1. 生财有道

能量转移规律启示我们，财富是一种意识能量，它沿着特定的意识参数，由能量低位向高位自动转移，如果要逆势转移，则需要做功。让财富自动向我们转移，这叫生财。比如，我们存钱时为什么选择银行而不选择个人？原因就是财富是沿着安全性、流动性和增值性三个维度由低处到高处自动转移的。当然有的人只是冲着其中一个特性去的。比如，虚拟货币投资存在着巨大风险，但还是有大量的人参与，因为他们关注的是高收益，愿意承担风险。大多数人是对这三者进行综合考虑的。因此，要想让财富自动向你转移，就必须让自己的某些意识参数处于高位。比如，你是一个守信用的人，这就是与安全性相关的重要意识参数；你是一个懂得感恩分享的人，这就是与流动性相关的重要意识参数；你是一个智慧能干的人，这就是与增值性相关的重要意识参数。生财无须针对财富本身下功夫，而是在财富自动向我们转移的条件上下功夫，这些条件往往是通过自我修炼，提升自己的品性、能力和资源等而获得的，是我们提升自身综合能力的结果。

我们每一个人都想发家致富，所以，我们要不断地学习与财富相关的知识，实践体验财富相关的事宜，发现并掌握财富转移的规律，顺势而为，让财富自动向我们转移。比如，2015 年 6 月底的股灾，股价连续暴跌，恐慌的股民割肉抛售，廉价的股票却没有人敢接手。研究股票规律的人都明白，股票运动都是波动的，没有永远的直线上涨，也没有永远的直线下跌，涨久必跌，跌久必涨，相信一个理性的老股民是应该知道这一规律的，我投资公司的一个基金经理就稳稳地抓住了这个机会，一周之内获得 40% 多的利润。

2. 求财有方

通过做功使财富逆势向我们转移，这叫求财。当我们自身某些意识参数暂时不在高位，无法让财富自动向我们转移时，我们可以采取做功的方法。做功是物理学的范畴，就是朝着特定意识参数努力工作。这就要求做功前先找准方向，南辕北辙就是一个典型的负面案例，不要做无用功或负功。

比如，很多销售人员的目标是扩大销售额，公司做销售培训时要求销售人员做到“三讲”，一是讲公司，二是讲产品，三是讲自己。我遇到很多这样的业务人员，尤其是保险公司的业务员。通常这样的人都是无功而返的，因为他们从来没有关注过客户的需求和感受，一见面就像机关枪似的“三讲”起来。要客户买单，就必须先关注客户，了解客户需求，并想办法满足他，这样客户口袋里的钱才掏得出来！

（二）积累财富

积累财富就是将创造出来的财富，除了一部分用于消费和进行再生产以外，多余的部分储存积累起来，用于未来消费，一是确保风险来临时有足够的财富保障，二是使人在不同的人生阶段都有充足的生活保障。

积累财富时涉及财富的储存，这就要求对财富进行保质、保值、增值等服务，这也是一门专业的学问。比如，我家里经常会买一些快消品，一不小心就过了保质期；还经常会清出一批过期的营养品、茶叶之类的东西。在这里我需要说明的是，不只是这些消费品有保质期，其实宇宙中的任何人和事物都有各自的保质期。比如，夫妻关系只能在婚姻存续期内保质，人只能在其生命期间保质等等。因此，我们积累的财富除了传承部分以外，其他的也应在保质期内消费完毕，否则它就没有给你带来幸福，反而让你徒增烦恼。

（三）交易财富

人的欲望是多层次的，内容是多方面的，形式是多样的，自给自足已经无法满足人的综合欲望。社会分工解决了财富多样性的问题，财富交易解决了财富相对性的问题。

1. 财富交易的方式

财富分物质财富、精神财富、货币财富三种，在交换过程中存在着物质与物质交换、精神与精神交换、物质与精神交换三种交易方式。

（1）物质与物质交换

物质与物质交换是人们生活中最常见的，是一种最原始的交易方式，“易货贸易”就是这样的。比如，拿一只羊换两担米，这样的方式简单直接，不受货币规律的影响。在市场经济发达的今天，由于受到货币政策干扰，这种交易方式不失为一种好的方式。比如，中国高铁换泰国大米等。

（2）精神与精神交换

我欣赏你，你鼓励我，这种方式就是精神交换。人与人之间的情感交流属于此类。每个人都是精神的创造者，也是消费者，只要你愿意，精神创造就可以是无限的。比如，我送给你微笑，它是不需要经济成本的，我给了你，我没有少什么，反而因为你的微笑应答，让我得到了更多的心理愉悦。因此，应该鼓励人与人之间大大增加正面的精神交流。

（3）物质与精神交换

通过精神服务换取物质财富，也是普遍存在的。比如，我写书，你买书，这就是精神与物质的交换。现代服务业的兴起，标志着精神服务与物质交换的兴起。

2. 财富交易的规则

交换的原则应该是等价的，当然这个价涉及价值标准。每个人都有自己的价值标准，价值标准各不相同，在交换过程中很容易发生冲突。举一个自己的例子，我经过八年的幸福研究，又全心全意地在做社会公益活动，自认为“高大上”，是一个很有价值的人，然而在与外界沟通的过程中发现，大多数人用的是商业思维，他们认为做公益是因为没有能力做商业，只能在公益领域混一混，甚至有人认为是打着公益的幌子暗地里赚钱。因此，在他们的眼里我并没有那么值钱，双方便产生了心理冲突，交易无法顺利进行。为了解决这个问题，如果社会能统一基本价值观，那就会大量地减少矛盾冲突，道德、伦理、法律就是起这个作用的。

价值交换有时会无法顺利进行，我们则通常会按照价格进行交换，那到底该如何定价呢？有很多因素，但有一条是可以确定的，即供求关系。供不应求，价格提高；供过于求，价格降低。

在交换过程中，财富贬值交易，这叫折价交换。比如，超市商品打折大甩卖，这种商品往往滞销，是供过于求所致。当然，还有另一种情况，即在交换过程中，交换价格高过其心理价格，叫溢价交易。

3. 交易中的风险控制

在交易过程中，溢价交易给人带来了机会，折价交易给人带来了风险。因此，在交易过程中加强风险控制，防止财富流失是财富管理的重要环节。

（四）消费财富

财富的本质是用来满足人的欲望的，无欲者无财；财富是在满足人的欲望过程中体现其价值的。所以，我们一方面要努力地去创造财富，另一方面又要尽量地消费财富，这样才可以推动人的欲望层次上升，人们的生活水平才可能得到提高。同时站在经济管理的角度来看，扩大消费是拉动经济的重要手段。

因为，只有消费扩大了，很多商品才会被人买走，生产企业才会有订单，企业才可能盈利，相反，企业则可能亏本。如果企业都不行，整个经济就会下行，失业率增高，人们更没钱消费，就会形成恶性循环。因此，消费财富从个人生活的角度来讲，可以提高人们的幸福指数；从宏观经济的角度来讲，可以拉动社会的经济发展。

（五）传承财富

传承财富是将已创造出来的财富，除了保留部分自我消费外，也可传承给亲人或其他人，这样就保证了财富不会因为创造者的生老病死而失去价值，从而实现了财富价值的连续性。尤其是人类的精神财富，在传承过程中，创造者不仅没有减少，反而会越传承越多，中华五千年的文明就是这样传承下来的，我们的幸福管理文化也同样会传承下去。

财富管理是一门非常深的学问，它与每个人的生活息息相关。遗憾的是，很少有人会有意识地去学习财富管理、提高财富管理意识和财富管理水平，导致有时候做了很多无用功，甚至做负功，因不懂得风险管理，导致得到的财富大量流失。财富是大家非常关注的话题，财富管理的方法与技巧也将在今后陆续与大家见面，希望本文所提到的财富管理知识可以带给大家一些启发。

七、消费管理

消费就是让需求得到满足的过程，也是供给体现价值的过程。消费是供给与需求两个独立运行系统之间的桥梁，是幸福管理的重要环节，我们把对消费整个过程的管理叫作消费管理。

消费管理涉及需求、供给、供求关系等因素，其中以需求为核心，它们都有着自己的特性。

（一）需求特性

1. 马斯洛需求特性

马斯洛需求层次理论阐明，人的需求呈现层次递进关系，尚未满足的需求对人才有推动力，已经满足的需求对人没有推动力，但是当该层次需求得到满足后，高一层次的需求又开始产生，形成新的未满足的需求，从而推动着人去追求、去行动。

2. KANO 需求特性

KANO 模型是日本东京理工大学教授狩野纪昭发明的，是对用户需求分类和优先排序的实用工具，以分析用户需求对用户满意的影响为基础，体现了产品性能和用户满意之间的非线性关系。它可分成以下五类需求：

（1）基本型需求

也称必备型需求、理所当然需求，是顾客对企业提供的产品或服务因素的基本要求，是顾客认为产品“必须有”的属性或功能。当其特性不充足时，顾客很不满意；当其特性充足时，顾客也可能不会表现出满意。对于基本型需求，即使超过了顾客的期望，但顾客充其量会达到满意，而不会对此表现出更多的好感。不过只要稍有一些疏忽，未达到顾客的期望，则顾客的满意将一落千丈。

例如，智能手机的基本型需求有语音通话质量、信号覆盖、操作系统兼容、安全性、日常使用和性能——待机时间、速度等。试想一下，如果一个智能手机没有信号，通话质量差，操作系统不兼容，被感染病毒，待机 10 分钟就没电，运行速度慢到接近崩溃，这些都会使用户的不满情绪增加。但是上述这些需求都被满足后，并不能带来用户满意度的增加，因为用户会认为这些都是必须有的。

（2）期望型需求

也称意愿型需求，是指顾客的满意状况与需求的满足程度成比例关系的需求。此类需求得到满足或表现良好的话，客户满意度会显著增加；此类需求得不到满足或表现不好的话，客户的不满也会显著增加。

期望型需求没有基本型需求那样苛刻，要求提供的产品或服务比较优秀，它们并不是"必须"的产品属性或服务行为。有些期望型需求连顾客都不太清楚，却是他们希望得到的，这也叫用户需求的痒处。

（3）魅力型需求

又称兴奋型需求，指不会被顾客过分期望的需求。对于魅力型需求，随着满足顾客期望程度的增加，顾客满意度也会急剧上升，但这种期望一旦得到满足，即使表现并不完善，顾客表现出的满意状况也会是非常高的。反之，即使在期望得不到满足时，顾客也不会表现出明显的不满意。

（4）无差异型需求

不论提供与否，对用户体验都无影响。它是质量中既不好也不坏的方面，不会导致顾客满意或不满意。例如，航空公司为乘客提供的没有实用价值的赠品。

（5）反向型需求

又称逆向型需求，指引起强烈不满的质量特性和导致低水平满意的质量特性。因为并非所有的消费者都有相似的喜好，许多用户根本没有此需求，提供服务后用户满意度反而会下降，而且提供的程度与用户满意程度成反比。例如，一些顾客喜欢高科技产品，而另一些人更喜欢普通产品，过多的功能反而会引起顾客不满。

在 KANO 模型的实际操作中，首先，要全力以赴地满足顾客的基本型需求，保证顾客提出的问题得到认真的解决，重视顾客认为有义务做到的事情，尽量为顾客提供方便，以实现顾客最基本的需求满足。其次，要尽力去满足顾客的期望型需求，这是质量的竞争性因素。最后，争取实现顾客的兴奋型需求，让顾客最忠实地记住你和跟随你。

3. 边际效用递减规律

效用是消费者的心理感受，消费某种供给实际上就是提供一种刺激，使人有一种满足的感受，或心理上有某种反应。消费某种供给时，当一个人的欲望大小不发生改变，开始时刺激作用很大，从而使人得到的满足程度就高。但欲望随着消费不断地得到满足，而未满足的欲望越来越小，再用相同的供给去满足欲望时，即相同的刺激给人在心理上带来的兴奋程度或满足程度必然降低。或者说，在总体欲望不变的情况下，随着消费数量的增加，供给的边际效用不断下降。

4. 边际效用递增规律

大家都听过边际效用递减规律，却没有听过边际效用递增规律，那到底有没有这一规律呢？答案是肯定的，只是它们的前提条件不一样。边际效用递减规律是指在欲望总量不发生改变的前提下，通过不断地满足消费，未满足的欲望不断减少。而边际效用递增规律是指在欲望总量不确定的前提条件下，当供给满足需求时，因兴趣、爱好、情感等因素影响，使人出现一种越满足越想要的情况，这就是边际效用递增规律。比如，KANO 模型中的魅力属性曲线，就属于这种类型。

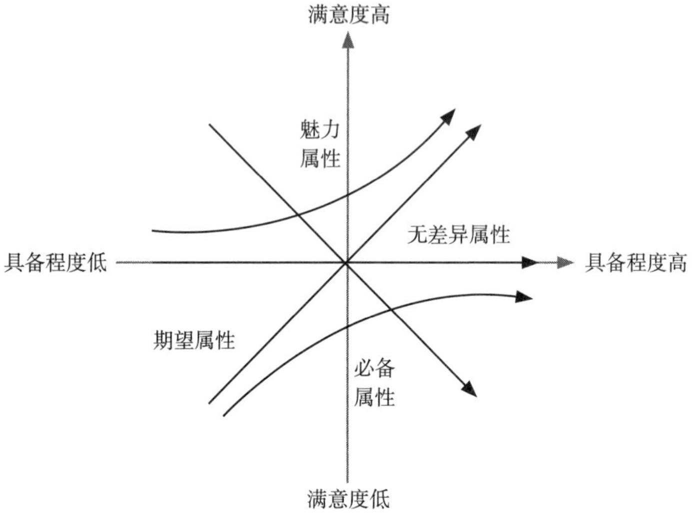

图 5–10　KANO 模型中的魅力属性曲线

（二）供给特性

供给根据其本质属性，可以分为物质供给和精神供给。物质供给有其客观存在的物理属性，不可以复制。根据能量守恒定律可知，当物质供给消费完成后，消费者获得了物质增加，但供给者的物质减少了。比如，一个苹果送给他人，他人增加了一个苹果，可自己就少了一个苹果。

精神供给有其意识属性，由于意识存在虚拟的特点，可以复制。当消费完成后，精神供给者给了别人，别人增加了精神体验，而自己的精神没有减少，甚至有所增加。比如，当你赞美别人时，自己没有失去什么，别人会感觉很开心，通常也会回馈性地赞美你，此时自己也会变得更加开心。

（三）消费方法

消费管理的目的就是在消费者消费能力允许的条件下，按照效用最大化原则进行消费。如何才能使效用实现最大化，需要采用以下几种方法：

1. 即时消费

即时消费就是当需求产生后，立即让人得到满足的过程。比如，口渴了需要喝水，困了需要睡觉等生理需求，主要表现为不受意志的控制，属于感性消费范畴。这类需求通常需要即时得到满足，如果延时满足会造成生理或生命危险，同时需要依靠意志力抑制欲望，让人内心冲突，消耗心理能量，降低幸福指数。此类需求越能被即时满足，效用越大。

2. 延迟消费

延迟消费就是延迟满足，也就是我们平常所说的“忍耐”。为了追求更大的目标，获得更大的享受，可以克制当下的欲望，放弃即时满足的诱惑。比如，储蓄和购买债券等，就是将现在可以使用的财富延迟到未来使用。

3. 适度消费

根据需求和供给特性，供给满足需求数量不同，效用和边际效用都是不同的。当供给不能完全满足需求时，总效用不算高；当供给过度满足需求时，边际效用会下降；当供给与需求处于均衡状态时，效用和边际效用处于最佳位置；供给适度地满足需求，此时效用最大。比如，一个人只能吃一碗饭，那么让人吃一碗饭就叫适度消费；如果只给半碗，这叫不足消费；如果给他吃两碗，那就叫过度消费，不仅没给人带来舒适感，反而带来腹胀等不舒适感。

4. 平衡消费

消费的目的是满足人的需求，但由于兴趣、爱好、情感、习惯等的不同使人产生消费偏好，从而导致消费的不平衡。比如，政治家、企业家们经常消费成功者的体验，在这方面产生成功感；

但是由于工作繁忙，他们往往忽视了家庭亲情的消费和体验，在这方面产生失败感。比如，电视剧《人民的名义》中的达康书记就是这样的典型代表。

通过消费管理，我们将两个相对运动的系统联系起来，不再只是盲目地调整需求，也不再只是盲目地调整供给，而是让供给与需求匹配起来、同步起来、协调起来，并且使供给在满足需求过程中达到价值最大化，也使需求在满足后满意度最高。因此，消费管理是幸福管理的重要一环。

八、协同管理

按照儒家八目来说，我们阐述了“认知管理、心态管理、心智管理”，使人从身心上得到全面的修炼，朝着“内圣”的方向发展；接着又根据修身、齐家、治国、平天下不同层面的管理对象，阐述了“欲望管理、财富管理、消费管理”，使人掌握了“外王”的基本功，当然这个王可以是自己之王、家庭之王、集体之王、国家之王，那就看自己修炼的火候。但要成为真正的“外王”，还必须掌握“协同管理”。

（一）协同管理的内容

协同管理的主要任务是将参与实现幸福的所有资源，有组织、有计划地安排好，使其相互之间有条不紊、高效地发生作用。它主要包含三方面的内容。

1. 和谐

宇宙自控调谐律告诉我们，和谐是宇宙存在的形式，是幸福人生的主题。通常人们会认为和谐就是平衡。因为和谐与平衡在本质上存在共性，这样理解有一定的道理。但是，和谐不等于平衡，和谐有着更广泛的意义。

（1）相对平衡

和谐是指事物之间处在相对平衡状态，包括适度失衡与平衡两种状态，而不是绝对平衡。比如，一个人的正常睡眠时间是每天 8 小时，但由于某种原因，导致某天只睡了 7 小时，这仍属于和谐状态；如果某天睡了 9 小时，也属于和谐状态；但如果某天整夜不眠，就处于不和谐状态了。

（2）动态平衡

宇宙是运动的，万事万物均处在运动状态中，静止只是相对的、局部的。和谐既包括相对静止状态，也包括运动状态，它是一个动态的平衡，通常处在“失衡—平衡—失衡”的循环运动状态中，但有个前提是失衡状态不会越过事物发生质变的边界线。在事物性质不发生改变的范围内的失衡，均属于和谐的范畴。

（3）系统平衡

和谐既包括个别事物之间的和谐，也包括系统内所有部分之间的和谐。实现幸福是由无数个系统共同运作的结果，只有整个系统和要素均处在和谐状态下运作，才会最大限度地提高运作效率。

2. 发展

宇宙蛹动螺旋律告诉我们，宇宙是呈螺旋式上升、曲线式发展的，发展是人生的主题。通常人们认为朝着时间流动的方向变化就是发展，其实不然，发展是由简单到复杂、由低级到高级的过程，发展是向上的、前进的运动变化，发展包含多重含义。

（1）全面发展

从供求协同幸福管理来看，管理内容包含供给、需求、供给与需求关系等维度，而且每个维度里面包含了诸多指标。幸福指数的提高，必然要求这些维度和指标的全面发展，单一要素的发展无法实现供求协同。

（2）协调发展

三感统一幸福观念阐明，必须让“三个我”的目标均得以实现，才能获得幸福感，单一维度的成就难以让人得到真正的幸福。比如，成功的企业家解决了财富的问题，然而他的个人身体状况怎么样？家庭情感怎么样？亲子教育如何？社会关系处理得如何？都不好说。很多人就是在发展过程中，注重某一方面的发展，在这一方面发展得非常突出，但是忽略了其他方面，甚至有些方面还非常滞后，出现各个方面发展不协调的现象。

只有这些事关幸福的主要指标均得到发展，才是协调发展，但并不是要让这些方面齐头并进，可以有本末，可以有先后，只是在发展的同时应兼顾各方面之间的协调。

（3）可持续发展

发展是一个永恒的话题，不仅我要发展，他人也要发展；不仅这代人要发展，我们的后代也要发展；不仅人要发展，物同样需要发展。整个宇宙均处在发展过程中，发展永无止境，但促进发展的资源有限，必然会产生供求之间的矛盾。因此，我们在发展过程中，要适当地节制自己的欲望，考虑到系统的均衡，让发展变得可持续。

3. 高效

管理学的重要任务就是提高效率，效率越高，管理就越出色。具体表现在以下几个方面：

（1）影响广泛

局部的供求协同会形成局部和谐与发展，整体的供求协同会形成整体的和谐与发展，要想对未来影响面广泛，供求协同则要抓住全局性的问题。比如，有的人考虑问题是从个人角度出发的，经过协同管理很容易实现个人幸福；有的人是从家庭角度出发的，则很容易实现家庭幸福；有的人是从国家的角度出发的，则容易实现国家幸福；有的人是从全人类角度考虑的，则可能实现社会幸福；有的人是从宇宙的角度出发的，则可能实现生态平衡。一个人以多大的范围作为自己的管理目标，就注定了他未来可能影响的范围，目标范围越大，经过努力后，其影响的范围就会越大。

（2）影响深远

人的一生会经历很多事情，有些事情无关痛痒，但有些事情处理得好坏会对整个人生影响深远，因此我们要抓住关键性的问题。比如，1992 年我考大学前夕，因一群发小辍学打工，混得不错，看得我心里痒痒的，当时因为一些个人原因，自己也决定辍学打工，为了表示决心，我还烧掉了一些书本，为此父母很着急，调动了一切能调动的资源做我的思想工作，可是毫无效果。

记得去打工的第一天，我扛着煤球机去上班，突然下起了大雨，无奈之下，我只得在路边小屋门口躲雨，一起躲雨的还有一个邻村好友。在聊天过程中，他帮我分析了现实情况，一是我的成绩比他们好，有考上大学的希望；二是我没有家庭背景，如果放弃这次机会，我将只是一个普普通通的农民工……听完他的分析，我顿时醒悟，立即掉头，放下工具上学去了。他就是我的贵人周沛，虽然他只是一个普通农民，但他的一席话改变了我的一生。

人生中除了考学以外，还有就业、结婚、寻找公司合伙人等，这些都是人生道路上的关键节点，妥善处理好这些节点，将对自己的人生影响深远。

（3）影响长久

要想让一件事情影响长久，我们必须认清事物的规律，而不能只在事物的表象上下功夫。任何事物都存在着“道、法、术、器”四个层面，越靠“器”的层面，事物变化越快，持续时间越短；越靠“道”的层面，事物变化越慢，持续时间越长，越稳定不变。做企业的人都明白，现在的产品周期越来越短，开发好的新产品刚开始量产，新的产品又出现了，逼得自己又需要去开发新产品。中国制造业的设计创新是初级的，大部分是在外形上修修补补，而很少去真正地研发新产品，因此这种痛苦是必然的。

记得2009年，某证券公司的投资总监来与我谈股票，建议我委托他们投资理财，当时我确实很少关注股票，是一个地地道道的外行。但听他谈论股票运作时，我隐约发现好像有一群不怀好意的人，利用股票这个工具，抓住人们的心理弱点，运用了很多“欺诈”手段，骗取老百姓的钱财。只要摸清了这群人的动机目的，就掌握了股票的发展方向。这不正是我的强项吗？谁说我是股票外行，我把自己15年的刑警从业经验用在股市上，发现原理是一样的，方法是相通的，于是我很快成了股票高手，这个总监及其同事后来甚至成了我的股票学生。

透过这个故事，我们可以知道要善于从纷繁复杂的事物中发现事物的规律，现象是千变万化的，但本质规律“道”是稳定不变的。掌握了“道”，不仅在一件事上运用有效果，而且在其他事情上同样有效果；不仅今天运用它有效果，未来无论何时运用它依然有效果；不仅我用有效果，其他任何人用它均有效果。因此，掌握“道”，是获得长久影响的关键因素。

（二）协同管理的方法

协同管理的内容就是确保供给、需求以及供求关系三者之间处在协调运行的状态。协调的具体表现为系统内各要素之间的关系和谐，系统的初始状态到目标状态是发展的，系统内各资源要素之间的配置是高效的。我们要尽量避免供求关系失调，如果确实无法避免，则要通过协同管理，尽快使其恢复供求协同。

1. 供求关系失调，恢复协同

当供给严重超出需求，超出人的承受能力范围时，针对这种情况，可以通过降低供给的方法，使供求协同；也可以通过增加需求的方法，使供求协同；也可以使供给与需求不发生满足关系，从而使供求协同；还可以三者综合调整，达到供求协同的状态。比如，一个人只能挑 100 斤的东西，可要挑的东西有 150 斤，这就超出了这个人的能力，如果搬开 50 斤，他就可以挑得动了，或者找两个人分开挑，也可以挑走。

当供给严重不满足需求时，可以通过增加供给，降低需求，增加供给满足需求之间的关系，还可以综合运用，提升供求协同。

2. 供求协同，高效管理

针对本身处在供求协同状态的事物，我们可以根据供求协同幸福观中的具体内涵，包括供给、需求和供求关系总共 24 个指标展开管理。

综上所述，幸福管理就像驾驶一辆汽车，前面讲过的很多幸福管理的具体方法，都是把汽车拆分成很多个零部件来研究，而协同管理就是把它们装成整车，使各个零部件协同运行，然后驾驶这辆汽车把我们带到幸福的目的地。

第六节　幸福管理检验标准

管理是理性的，除了定方向，还要定数量。在变化的世界里，要确定一种管理的效果需要检验标准。本节就是来探讨幸福管理的检验标准。

（一）供求协同三区域

幸福反应区理论阐明了当供给（不）满足需求时，除了产生情绪以外，还可能产生无反应（平静）或应激反应两种情况。其中无反应是未发生供求关系，应激反应是供求关系不协同时的表现。而平静区、正面情绪区和负面情绪区三个区域，均属于供求协同时产生的情绪，我们把它们命名为“供求协同三区域”。

当事情发生时，无论是正面的还是负面的，人的内心对此事表现淡定，不产生情绪反应，这个区域便构成了平静区。

当身体、心理或环境允许的正面事情发生了，但是人的内心并不淡定，就会产生正面情绪反应，我们将此区域叫作正面情绪区；当身体、心理或环境允许的负面事情发生了，但是人的内心并不是很愿意接纳，表现不淡定，就会产生负面情绪反应，我们将此区域叫作负面情绪区；正面情绪区与负面情绪区共同构成的区域就是情绪区。

当身体、心理或环境不允许的事情发生了，人就会产生强烈的应激反应，我们将这个区域叫作应激区，也叫禁区。

平静区和情绪区表明影响自己的事物都处在自己允许的范围之内，从侧面反映出供给与需求之间没有出现太大的差距，没有出现过度心理压力。因此，我们可以推出“平静区＋情绪区＝供求协同区”的结论。

应激区表明影响自己的事物已经超出了自己的允许范围，此时人就会采取紧急避险或战斗的措施，给人带来极大的压力和痛苦，这也从侧面反映出供给与需求之间差距太大，出现了过度心理压力。应激区属于供求关系失调的区域。

供求协同区域包含了平静区、正面情绪区、负面情绪区三个区域。供过于求时，通常会在平静区和正面情绪区内；但供不应求时，除了一部分仍在平静区内，另一部分会出现在负面情绪区内。此处所讲的负面情绪只是在心理承受范围之内的负面情绪，会给人带来适度的压力，推动着人趋乐避苦，从而去创造更多的供给，以达到供求关系新的平衡。

（二）幸福管理九标准

供求协同幸福观阐明了幸福是在供给与需求之间协同作用产生的。主要表现为供给与需求的辩证统一，和谐与发展的辩证统一。幸福管理的终极目标一定是在供求协同的前提下，供给、需求以及两者关系都处于最佳状态。我们将其归为三类九大标准，如下：

表 5–8　幸福管理九标准

内　容 层　次	三　富	三　足	三　和
第一层	身富	富足	和己
第二层	心富	满足	和人
第三层	财富	知足	和境

（1）“身富”是指身体健康，强壮有力。

（2）“心富”是指心理健康，内涵丰富，能力强大。

（3）“财富”是指物质财富和精神财富丰富充足。

（4）“富足”是指身体、心理、财富等均富裕充足。

（5）“满足”是指富足的身体、心理、财富等满足了人的需求。

（6）“知足”是指内心的欲望得到满足后，自我感到内心的满足。

（7）“和己”是指本我、超我、自我三者之间的和谐相处。

（8）“和人”是指自己与他人、家庭、社会之间的和睦相处。

（9）“和境”是指自己与生态环境之间的和谐相处。

“三富”是“三足”的前提，“三足”是“三富”的体现，“三和”是“三富”和“三足”的终极境界。“富足”的目标是“三和”，“三和”的状态是幸福。

幸福管理理论体系有严谨的理论依据，有清晰的科学架构，涉及幸福管理的理论基础、系统定位、方法步骤、检验标准等各方面内容。它们相互支撑、相互补充，是一个完整的有机理论系统，为人们了解幸福、管理幸福、创造幸福指明了科学方向和步骤，具有重大的现实意义。

第六章　幸福管理从修身做起

第一节　幸福管理从刻意学习开始

人人都有追求幸福的意愿，但不是人人都有实现幸福的能力。从现实生活来看，幸福不是一件日用品，而是一件奢侈品，只有那些拥有足够智慧的人才能把它当日用品，因为很多人选错了方向，走错了路，做错了功。人们要么在通往幸福殿堂的路上，要么在与幸福殿堂背道而驰，要么徘徊在幸福殿堂的门外。

《大学》里讲到格物、致知。对于幸福，我们也要用心去"格物"，如此方能"致知"。纵观自己八年来对幸福的研究和体悟，一开始有很多迷茫、苦闷和彷徨，后来慢慢地发现了很多喜悦、惊奇和赞叹，有时破疑之际甚至手舞足蹈，到最后几乎每时每刻都在享受多巴胺的祝福，感觉生命中的一切都是为我研究幸福而安排的，万物都在祝福我——这或许就是人们所说的幸福殿堂吧！

会游泳的人说，游泳太简单了，怎么玩都不会呛水，水是无限的祝福；"会幸福"的人也是如此，觉得幸福太简单了，怎么过都不会被生活所苦，生活中的一切总是在祝福自己。天下万事均如此，会者不难，难者不会。看来在"会"与"难"之间，永远有一道无形的墙。在这里，我再梳理一下我从“难”到“会”的过程，希望能带给大家一些启发和思考。

一、停下回看

当我们如箭般从生命之弦上射出后，一直往前飞，直至生命的尽头。曾经的我就是如此，一直往前冲，总希望获得更多，搞得身心疲惫。如果不是机缘巧合迫使我停下脚步，恐怕我仍处在“低效勤奋”的状态中。

《大学》第一章讲道：“知止而后有定，定而后能静，静而后能安，安而后能虑，虑而后能得。”古人早就看透了人性的特点，人既有“主观能动性”这个优点，也有“主观乱动性”这个缺点，古人知道人们会朝着习惯的方向“乱动”，所以警醒后人要“知止”。“知止”是一件很辛苦的事，物理学告诉我们保持惯性运动最省力。欲望让人前行，意志要求停止，这是一对反向的力量，自我的意志力量必须大过本我的本能力量与超我的道德力量之和才行，没有强大意志力的人是难以知止的。

我们有过坐车的经验，如果汽车一直行驶，虽然可以瞟一眼路边的风景，但是无法看清楚。人生的汽车也是一样，如果一直行驶，不停下来好好看一眼，一定是看不清楚的，更谈不上享受人生风景了。那么怎么才会有幸福感呢？当我停下来回看自己的过往人生时，我才会清楚地看到自己哪些地方做对了，哪些地方做错了，才可以总结出经验教训，才会去探究幸福本质，才可能发现幸福规律，引导我在今后的生活中作出正确的选择。

现代人的生活节奏越来越快，衣食住行各个方面都巴不得想到即得到，越来越没有耐心。而要花费大量时间与精力去追求美好的生活是人性的必然，但是，到底应去向哪里？怎么追求？这些重要的问题，如果不是有意停下来审慎思考，是难以找到答案的。生活总是青睐那些有准备的人，只有我们自己准备好了，我们想要的东西才会如期而至。

二、刻意追求

我知道很多人提倡“顺其自然”的行事风格，因为生活有时候是“有意栽花花不发，无心插柳柳成荫”。我的看法有点不同，我认为只有刻意追求，才会有所成果。比如，早在2006年我就置杆打高尔夫，本着一种玩玩的心态，不刻意练习，有几次朋友拉我上场，结果造成了“塞车”，搞得我很不好意思，后来再也不敢上场了。时隔12年，很多朋友已打到七十多杆，而我依然上不了场。获得幸福更是如此，幸福需要刻意追求，也就是说，要刻意去思考一些关于幸福的重要问题。比如，幸福是什么？幸福有什么特点？我如何持续获取幸福？如何带给他人幸福？……如果你从来没有刻意思考过以上这些问题，或者思考过但“浅尝辄止”，那么你对幸福的了解也只能是处于模糊的认知和片面的了解状态，当然也就无法把握幸福的内涵并掌握幸福的能力了。

曾听说“小疑小悟，中疑中悟，大疑大悟，不疑不悟”，对于幸福的思考也是如此，疑惑越多，体悟也会越多。想当初，正是我对人生产生了大量的疑惑，才放下所有工作潜心研究八年，才获得了大量的人生体悟，从而读懂了很多之前道听途说的东西。“纸上得来终觉浅，绝知此事要躬行”，追求幸福让我切身地感受到了这句话的内涵。如果只是停留在口头文字上，没有刻意下一番工夫，幸福一定是离我十万八千里。

三、兼顾道法

在寻求幸福的道路上，我曾经花费了大量的时间和金钱去学习，可是效果并不太好。后来自己慢慢思考，才体悟到一点：现在的人大多浮躁，尤其在深圳，人们希望快速学习和掌握一套“摇钱树”一般的方法和技巧，只要一摇，钱就来了，至于“道”之类的东西，一是搞不懂，太麻烦；二是太慢，太费时间；三是看不见摸不着，太高太虚，不接地气。为了立即产生效果，培训师教的大多是“法”的层面的内容，而“法”的运用永远是有条件的、相对的，如果不了解“道”，条件一变，我们的“法”就失去了效用。比如，某金融培训机构，教人如何利用信用、杠杆资金去购置房产，并将资产证券化以从中获利。该方法是创始人在国外成功的运作经验，在房地产上升周期，该方法有效，可是到了 2014 年时，中国房地产市场已处于顶部状态，该方法便消灭了一大批中产阶层。

如果你领悟了“道”，就会灵活变通，可以生出“法”来。因此，我开始研究宇宙规律、哲学原理和心理运行机制等内容。这个转向非常关键，当我从“道”的层面来研究幸福的时候，我突然发现自己站在了云端之上，幸福的“法”尽收眼底。以“能量转移规律”为例，我是通过研究物理变量搞清楚了“物质能量沿着特定的物理参数由高到低自动转移”的规律，通过研究心理变量搞清楚了“意识能量沿着特定的意识参数由低到高自动转移”的规律，因此我对“天道”和“人道”的认识便有了质的飞跃。

我提倡“道法兼顾”，就是告诉大家做任何事情都先要去寻找“道”，然后由“道”向“法”转变，因为“道”可以生

“法”，而不是反过来的。先找“法”再找“道”是无法达成所愿的。我正是先了解了宇宙规律，了解了“幸福之道”，才创造出了有关幸福管理的各种“法”。需要特别提醒的是，这里强调的兼顾“道法”是要把“道”放在首位，由“道”而“法”，勿由“法”而“道”。这样看似是最慢的，但其实是最快的路径。

四、系统思维

在工作生活中，我发现很多人缺少系统思维，出现问题时，常常只知道从一个角度或一个层面去解决问题，而不是提出整体性、系统性的解决方案。世界本身是一个庞大的系统，万物之间都是相互联系的，如果没有系统思维，就会出现“只见树木，不见森林”的情况。我们想要获得持久的幸福，就需要系统地了解幸福。

我学习了儒释道，学习了西方哲学，学习了各种心理学、经济学、管理学等知识，凡是跟幸福相关的课题，我都尝试了解一下。幸福好比一个发光的钻石，它有 N 个发光的切面，只有运用系统思维，才能全方位地去欣赏各个侧面的美好。比如，很多人误以为开心就是幸福，但从人格结构“三个我”的角度去分析，“开心”只是满足了“本我”的需求，还有“自我”“超我”的需求需要满足，如果没有做到三感统一，其实还是算不上幸福。

我是在研究情绪形成的过程时发现“幸福方程式”的，而系统思维使我发现了“幸福因子”“幸福反应区”“幸福驱动力”“幸福升降梯”“幸福表达式”“幸福效应群”等一系列规律。系统思维让我在追求幸福的路上，发现了越来越多的风景，越来越多的宝藏。当我从各个角度去看幸福时，突然发现进入幸福的大门无限宽广，幸福的内涵无限宽广，这也为我解决各式各样的幸福问题提供了广阔的思维空间。

第二节　幸福管理从供求协同践行开始

幸福是主观的、抽象的，但“幸福方程式”是客观的、具象的，要想获得感性的幸福，可以理性地调整供给、调整需求、调整供需关系、调整情绪四个方面。然而大多数人只会从某个方面下功夫，很少能将四个方面综合调节运用，从而做到供求协同。比如，有些人要么只知道追求财富，要么只知道节制欲望，要么只知道调节情绪，要么只知道自我满足，不一而足。“人生不如意事十有八九”，供与求之间的矛盾是普遍存在的，如果没有足够的智慧，我们便很难平衡这些矛盾，也难以获得幸福。

如果说人的一生是一个飞向幸福的旅程，供给和需求则是两只翅膀，我们可以飞得多快、多高、多远，取决于我们平衡和协调供需之间矛盾的能力。幸福管理除了刻意学习、增强本领外，还要不断在生活中践行。我的人生中经历了多个阶段，从不同角度阐述了供求协同的内容。

一、学习本领阶段

大学毕业前，我经历了很多人生故事，但无论多么复杂坎坷，其目的只有一个，就是学习知识、提高技能、增强本领，为走上社会和修身、齐家、治国、平天下做准备。

二、追求供给阶段

从走上工作岗位开始，我的人生主题发生了改变。自 1996 年到 2010 年，我一直兢兢业业地工作，希望得到单位的认可，争取得到领导的重用与提拔，也希望通过自己的努力使工作获得成果，体现自我价值。自 2011 年至 2015 年，我参与企业经营和金融投资，希望努力增加家庭财富。

（一）追求价值

记得 2000 年 5 月 30 日，我被调入海关缉私局，第二天就被分配到“6 · 01 专案组”，该案涉及全国 9 大关区，53 家企业，涉案人员分布在 9 省市，案值数十亿，我是该案主办人员之一，负责全案统筹。当时只抓获了一名涉案报关员，其他什么信息都没有，经过对数十万条电信资料的分析，数千份报关单的查阅，数千条银行流水的甄别，我们从中发现犯罪线索，一个巨大的走私犯罪团伙逐渐浮现出来，根据其他相关证据，通知全国各地办案组抓捕 20 余名犯罪嫌疑人。经审查，与我分析的全部吻合，该案顺利告破。“6 · 01 专案组”荣获集体二等功，也初显了我办大案的能力。从此以后，我得到了领导们的重视，并专门成立抓捕组，由我负责抓捕各个案件在逃犯罪嫌疑人。从 2000 年至 2002 年的三年内，我成功抓获犯罪嫌疑人三十多名，无一漏网，成功率 100%。优秀刑警梦得到实现，成就感和自豪感油然而生，在成果和荣誉面前我深感幸福。

（二）追求财富

2011 年下海后，我在家族企业里负起责任来，因为身份的转变必然导致心态上的落差。为了更好地适应新的工作岗位，我经常加班加点，基本上没有周末，脑袋里只有工作。因广博的知识面和特殊的人生经历，我擅长宏观分析，在自己的经商生涯中，成功地把握住了制造业中的工程塑胶、商贸业中的电子元器件、金融业中的财富管理等行业；我擅长带领企业转型，根据市场环境的变化，能够带着团队快速转型升级。比如，由电子元器件的贸易转型为金融供应链；我擅长风险控制，在2015年6月12日和8月17日等大盘风险来临之前，将我的股票全部出在大顶上，三次成功地规避了风险。经过企业经营和财富管理，我的财富梦基本得到实现。

这个阶段，通过追求自我价值和财富，我获得了一定的成就感，但是整个过程我一直处在紧张忙碌的状态，没有放松休闲、没有家庭生活，心脏经常隐隐作痛，血压、血脂、尿酸持续升高。在别人的眼里，我应该很幸福，而扪心自问：我真的幸福吗？

三、降低需求阶段

下海之后，有一段时间我忙碌的身躯终于慢了下来，开始感悟人生，从降低欲望方面下功夫。记得当时我还写下了一副对联："财富适当知足即富乐在当下，欲望合理知止不殆福在今生"，正反映了我当时的心态。

当欲望得到节制后，我发现自己对传统生意失去了兴趣，对忙碌的生活方式感到了疲倦，紧张的身体得到放松，可是这一放松，身体就病了，好像一个小老头，有一种等死的感觉；看到什么都没兴趣，心里空落落的，觉得人生没有意义，好像行尸走肉，在这样的日子里，我的幸福指数没有得到提高。

四、供给满足需求阶段

因为我是农民的儿子，一直过着节俭的生活，即使经过多年的打拼，获得了一定的积蓄，也舍不得消费。有一次我在研究幸福课题时，灵感迸发，需要马上记录下来，到处找纸张，都没找到。太太拿了一本女儿用的图画本给我用，可我怎么也舍不得在上面画，这么好的图画本给我做草稿，简直是太浪费了，我们以前用的草稿纸，均是白纸裁剪出来的，而且是从左上角写到右下角，写完正面写反面。太太看透了我的心思，耐心地给我做思想工作，让我体会到赚到的钱是用来花的这个道理。

经过内心挣扎，我强迫自己使用了图画本，由此发现了内心深处的“穷人思维模式”和“狭隘的小农意识”，也认识到财富的价值就是用来满足需求的，努力赚钱的目的就是要改善生活。经过一段时间的思考与行动，我终于战胜了自己，心胸变得开阔，境界得到提高。

根据内向观察，我梳理了自己心中的压抑，罗列出希望满足而未实现的需求，并拿出相当数目的一笔钱用于改善生活，这才有了今天较好的生活条件，才开始有了幸福生活的感觉，这个阶段我的幸福指数得到了持续的大幅度提高。

五、供求协同阶段

经过多年的幸福研究，幸福理论体系基本成形，在成书过程中，我发现了供求协同幸福理论，自此进入供求协同阶段。

第一步，梳理当下的需求，根据供求关系的状态，按照轻重缓急的原则排列需求，并努力创造供给。

人到中年，身体上的零部件就会或多或少地出现一些问题，特别是近年来一直处在幸福理论研究状态，需要非常安静和专注。尤其是因撰写本书，连续花费了三个多月时间，有时一写便是一整天，很难抽出时间来锻炼，很多身体指标已经处在报警状态，健康的供求关系已失调，排在各种需求的首位了，书稿完成后我便立即启动了身体锻炼计划。

第二步，处理过多的供给，前几个阶段人生一直在做加法——交朋友、建信用、加杠杆、开公司等，由于人的精力有限，我开始做减法，将没有太多价值的人际关系断掉，将没有前景的公司关掉，将没有太多意义的资讯删掉，这样人也变得更加轻松自如。

第三步，根据第一步梳理出来的合理需求，尽可能地想办法让其得到满足。带着幸福研究院的团队发动社会多方力量，在全国实施“共同幸福工程”。比如，去湖南做“农村空巢老人公益帮扶计划”，去大学做“大学毕业生就业前辅导计划”等。

第四步，调整各个供求关系，使其均处在协同的状态。比如，身体由于过度使用而缺少锻炼，导致处在失调状态，那就通过加强锻炼、补充营养或适度治疗等方式，使其恢复协同状态；由于理论研究过度专注，造成生活的失调状态，需要分散注意力，把精力放在家庭生活上，使生活变得协同起来等。

以上是我人生中追求幸福的行动路径，在不同人生阶段经历过不同的幸福管理方法。相信大家都有过相同的经历，但供求协同阶段不是每个人都会经历的，希望大家通过本书可以早日进入供求协同阶段，从而持续地提高自己的幸福指数。

第三节　幸福是奋斗出来的

我研究幸福八年，幸福指数得到了大幅度的提高。据此，很多人会认为幸福是研究出来的，其实不然，幸福是奋斗出来的。

幸福理论研究对我们了解幸福、认识幸福有很大的帮助。如果我们要获得幸福体验，那就必须实修和践行。我的人生经历很丰富，人们通常会看到我成功的一面。比如，考上西南政法这样一个好大学，获得深圳海关缉私警察这样一份好工作，下海后是一个能够顺应时代潮流多次成功转型的企业家，是一位股票投资高手，是一位投资风险控制专家，是幸福研究院院长等等。以上这些当然都很好，让我感到骄傲和自豪。

然而，每个人总会遇上一些不如意，家家都有一本难念的经，其实我也经历过很多人生困苦。比如，我儿子患先天性脑瘫，我自己曾患上甲状腺恶性肿瘤，工作时仕途失意，生意上遇到系统风险等，有些苦痛甚至很严重，因为它们可能危及家庭幸福的根基。

针对这些痛苦，我没有选择逃避，而是勇敢地去面对、去接纳、去解决。幸运的是，我把一个个问题化烦恼为菩提。如果没有努力奋斗的精神，没有脚踏实地的践行功夫，仅仅靠研究幸福理论，是无法获得幸福感的。

下面以我儿子的故事作为案例，讲述一下我们的奋斗经历。

1999 年 5 月，32 周的梁嘉恒匆匆忙忙地出生了，当时他的体重才 4.5 斤，满月时只剩 4.4 斤，因早产缺氧和体重过轻等原因，患上先天性脑瘫。记得当时经过三年多的工作积累，我仅有 5 万元存款，医生却告知没有 5 万元的医疗费这个孩子出不了院。

出院后，梁嘉恒进入了长期的康复治疗期，那几年正是我在单位负责追捕工作期间。我认为自己来自农村，无政治背景，只能靠努力工作来获得领导赏识，因此放下了对孩子的照顾，全力以赴地搞好工作。家里只能让太太辞去工作，并请嘉恒外婆等人协助，带他到全国各地治疗。这一治就是六年，家人的辛苦大家可以想象，至于嘉恒本人，现在回想起来，更是令人痛心。他现在与我聊天时常常讲到，“我现在很难哭，因为小时候已经哭够了，整天从早到晚就是开股角，练蹲起，疼得要命，一练就是一整天，一哭也是一整天，直到哭不出来时，训练也就结束了，那几年几乎天天如此”。记忆最深刻的是 2002 年的一天，外婆带他在石家庄治疗时，我与他妈妈去看他，梁嘉恒与我们见面时那撕心裂肺的痛哭声，让我今生难忘。

功夫不负有心人，经过近六年的康复治疗，梁嘉恒终于站起来了，虽然走路姿势不太美观，但他可以生活自理了。时值学习之际，梁嘉恒本应该进入特殊学校学习，但在学校领导和老师的关怀下，他于 2006 年进入了宝城小学，走上了正常人的生活道路。梁嘉恒在学校表现优秀，成绩优良，2009 年被评为广东省“南粤雏鹰之星”。

时隔 10 年，此时的梁嘉恒已长大成人，2018 年参加高考时被评为优秀毕业生，并顺利考上深圳新安职业学院社会工作系，虽不是名校，但对我们来讲已经心满意足了。

梁嘉恒积极乐观、自信自尊、善于沟通。很多朋友告诉我，梁嘉恒的情商比我高得多，他深受朋友们的喜欢。假期时他经常被同学家长请去吃饭，请他分享克服困难的心得。

也许是遗传原因，梁嘉恒对于我谈论的话题，大到宇宙，小到生活琐事，很多人甚至听不懂，但他不一样，即使平时没有与他沟通过，但他的答案也与我心中所想的异常接近。孩子是我们生命的延续，也是我们幸福的源泉，未出版的书稿已交给他学习多遍，他也经常参与我们的研讨。我建议他认清自我和环境的形势，在全社会推进新型社会服务业的大背景下，扬其长避其短，学习社工知识，从事残疾人及其家长类的社会服务工作，我想他的服务效果要比身体正常的人好很多。

当然“祸兮，福之所倚”，因为儿子身体的问题，政府给了我们多生一个孩子的机会，2008 年我们喜迎一个健康活泼的女儿梁嘉玲。她自信自强、爱好运动、充满爱心，是一个综合素质极高的孩子，受到了老师和邻里的高度赞扬，给我们的家庭带来了极大的欢乐。

更让我欣慰的是，儿子和女儿对幸福课题情有独钟，希望他们能继承我的事业，让幸福事业一代代地传承下去。希望我们一家人共同努力、共同进步、共同幸福，为人类的幸福事业奋斗一生！

我拿自己家庭最真实的案例来分享，是想告诉大家，每个人、每个家庭都有难念的经，这很正常。关键的问题是，面对这个难念的经，我们是否可以坦然接受？是否愿意为之努力奋斗？是否可以超越困境？这才是幸福的前提。看重了困难，你就小了，痛苦就大了；看轻了困难，你就大了，痛苦就小了。说句心里话，当我们发现儿子脑瘫的时候，当时真的是一个巨大的打击，差点把我们击垮。幸运的是，我们勇敢地接受了现实，坦然面对了它，全力以赴地做好该做的事情，最终我们赢得了幸福。我们一家人经常在一起欢声笑语、畅所欲言，这种幸福的氛围，常常让我感动不已，幸福来之不易啊！

亲爱的读者，无论当下是你想要的还是你不想要的，你都要勇敢地面对和接受，并要为之奋斗，让它朝着我们想要的方向发展。没有谁的生活会一帆风顺，没有谁的幸福不是奋斗出来的，只要我们敢于面对，坚持努力奋斗，幸福终究会属于我们！

参考文献

1. [爱尔兰] 卡尔:《积极心理学》，丁丹等译，中国轻工业出版社 2013 年版。

2. [德] 康德:《康德说道德与人性》，高适编译，华中科技大学出版社 2012 年版。

3. [美] 菲利普 · 津巴多等:《津巴多普通心理学》，邹智敏等译，机械工业出版社 2017 年版。

4. [美] 亨利 · 史密斯 · 威廉姆斯:《幸福的科学》，王宝泉译，万卷出版公司 2011 年版。

5. [美] 马丁 · 塞利格曼:《真实的幸福》，洪兰译，万卷出版公司 2010 年版。

6. [美] 曼昆:《经济学原理》，梁小民等译，北京大学出版社 2015 年版。

7. [美] 泰勒 · 本 – 沙哈尔:《幸福的方法》，汪冰、刘骏杰译，中信出版社 2013 年版。

8. [日] 稻盛和夫:《活法》，曹岫云译，东方出版社 2010 年版。

9. 陈赟:《儒家思想与中国之道》，浙江大学出版社 2016 年版。

10. 冯友兰:《中国哲学史》，北京大学出版社 2016 年版。

11. 南怀瑾:《南怀瑾四书精讲》，东方出版社 2015 年版。

12. 彭凯平:《吾心可鉴：澎湃的福流》，清华大学出版社 2016 年版。

13. 周国平:《幸福的哲学》，中国盲文出版社 2015 年版。

14. 郑雪等著:《幸福心理学》，暨南大学出版社 2004 年版。

幸福金句

1. 幸福是人类的终极梦想。
2. 每个人都拥有使自己幸福的资源。
3. 不幸福只是暂时没找到幸福的方法而已。
4. 一个人不能决定另一个人的幸福。
5. 幸福不是奢侈品，而是日用品。
6. 幸福不在外面的世界里，而在自己的心中。
7. 幸福不在过去和未来，而在当下。
8. 幸福不只在成果里，也在过程中。
9. 幸福产生于心理，心理受环境影响。
10. 幸福是感性的，而实现过程是理性的。
11. 幸福的内容千变万化，幸福的规律永恒不变。
12. 管好幸福之因，必得幸福之果。
13. 欲望、财富和情绪是幸福管理的三维度。
14. 幸福与痛苦同在，关键在于选择。
15. 幸福是选择的结果，更是行动的结晶。
16. 欲望是幸福的动力，也是烦恼的源泉。
17. 贪婪令人痛苦，知足使人幸福。
18. 责任是和谐的基础，关爱是幸福的源泉。
19. 财富是幸福的手段，幸福是财富的目标。

20. 物质越分享越少，幸福越分享越多。

21. 物质幸福是短暂的，精神幸福是长久的。

22. 感恩、分享和希望是“幸福三友”。

23. 指责、攀比和计较是“幸福三敌”。

24. 大事清醒使人智慧，小事糊涂令人幸福。

25. 幸福不只是轰轰烈烈，更多是平平淡淡。

26. 没有孤立的幸福个人，只有联系的幸福共同体。

27. 幸福感、幸福情和幸福生活方式是幸福的三层次。

28. 与自己和、与社会和，以及与自然和是“幸福三和”。

29. 身富、心富和财富是“幸福三富”。

30. 富足、满足和知足是“幸福三足”。

31. 积极、乐观和热忱是幸福三心态。

32. 接受、尊重和热爱是幸福三境界。

33. 健康是幸福的前提，安全是幸福的保障，成长是幸福的手段，和谐是幸福的状态。

34. 追求幸福可能制造痛苦，接受痛苦就是创造幸福。

35. 幸福是消费品，要学会体验与享受。

36. 幸福是正能量，要学会分享与传播。

后　记

与幸福的风帆相向而行

现代人的物质生活越来越好了，然而静下心来，问自己一句：我真的幸福吗？根据很多社会调查以及我们的了解，很遗憾的是，大多数人会感觉自己不是很幸福。

是什么原因导致不幸福呢？答案千差万别。但归纳起来，表现形式不外乎以下八类情况：

第一类原因：身体病痛劳累。很多人不幸福，是为身体所困，花费了大量的金钱治病，效果不一定好；或者身体虚弱，或者劳累过度。

第二类原因：沾染恶习难改。人之初，性本善，可是，很多人因为不小心或者自控力差，染上了嗜赌、嗜毒、嗜色等不良习性，生活完全为恶习所主宰，生活一塌糊涂。

第三类原因：情绪管控力差。这种人受苦，是因为非常容易生气，一遇到不如意的事情，要么爆发出来，变成暴躁的人；要么压抑下来，成为抑郁的人。

第四类原因：财富愿望落空。谁都希望拥有丰厚的物质财富，让自己、家人生活得宽裕、体面一些，这是非常合理的愿望。现实情况是，99% 的人都对自己的财富状况不满意，财务问题几乎成为每个人的心结。

第五类原因：家庭关系失调。不少人获得了自己想要的物质财富，有的社会地位也很好，遗憾的是，夫妻感情、亲子关系或其他家庭关系总是不尽如人意，导致很不幸福。

第六类原因：思维方式消极。世界上的事物本来就是辩证统一的，有好有坏，有利有弊，可有一类人永远只见黑暗的一面，看问题总是看困难，看人总是看缺点，做事情没有精神，对未来从来没有多少希望，这种人为自己的思维格局所受苦。

第七类原因：人际关系复杂。不管我们生活在哪里，作为一个社会化的存在，都避免不了与人交往，有的人不擅长与人沟通，不擅长走进别人的世界，把人际关系搞得非常糟糕，常常四面楚歌，这种人活得很孤独、很痛苦。

第八类原因：事业没有进展。人人都希望自己有一份好的事业以立身于世，然而要真正找到一份合适的事业，并把它做强做大，除了自身需要具备非常好的综合素质外，还需要很多外在条件。这种人整天忙忙碌碌，但是却没有进展，为此一直受苦。

当然还有其他的表现形式，但主要是以上八种情况。按照我们的分析，以上八种问题的本质其实都是一个：供求不协同，即外在的供给满足不了内心的需求，导致心里不平衡从而不幸福。诗意地说，不幸的人都是与幸福的风帆逆向而行。

为什么供求不协同呢？仔细思考，最主要的是还没有搞清楚以下三个关键问题：

一、幸福的本质是什么？

二、供求协同原理对我们有何帮助？

三、我们成长路上的 KPI 是什么及如何做功？

没有明白第一个问题，我们就不知道人生方向在哪里。没有